CONTROL YOUR OWN LIFE

周 璇◎著

改变人生的88堂习惯养成课

中国法制出版社
CHINA LEGAL PUBLISHING HOUSE

图书在版编目 (CIP) 数据

改变人生的 88 堂习惯养成课 / 周璇著 .—北京：中国法制出版社，2021.4
ISBN 978-7-5216-1781-8

Ⅰ. ①改… Ⅱ. ①周… Ⅲ. ①习惯性—能力培养—通俗读物
Ⅳ. ① B842.6-49

中国版本图书馆 CIP 数据核字（2021）第 057784 号

策划编辑：陈晓冉
责任编辑：陈晓冉　　封面设计：李　宁

改变人生的 88 堂习惯养成课
GAIBIAN RENSHENG DE 88 TANG XIGUAN YANGCHENGKE

著者 / 周　璇
经销 / 新华书店
印刷 / 三河市国英印务有限公司
开本 / 710 毫米 ×1000 毫米　16 开　　印张 / 13.75　字数 / 188 千
版次 / 2021 年 4 月第 1 版　　2021 年 4 月第 1 次印刷

中国法制出版社出版
书号 ISBN 978-7-5216-1781-8　　定价：42.80 元

北京西单横二条 2 号　邮政编码 100031　　传真：010-66031119
网址：http://www.zgfzs.com　　**编辑部电话：**010-66071900
市场营销部电话：010-66033393　　**邮购部电话：**010-66033288
（如有印装质量问题，请与本社印务部联系调换。电话：010-66032926）

前言 PREFACE

我们每个人都需要吃饭、睡觉、刷牙、洗脸，可有的人喜欢早睡早起，有的人喜欢熬夜，有的人每天绘画，有的人坚持锻炼……这些行为有的已经成为我们的本能，有的还在萌芽阶段，但不管怎么说，这些行为对我们的生活产生的影响都是真实的。它们影响着我们的行为方式、思维方式、性格，并最终作用于我们的命运。

习惯虽小，但是一经形成，就很难再依靠外力强行将其改变。正如著名教育家曼恩说：“习惯是一条电缆，我们每天在其外表编织一条铁线，到后来，它变得十分坚固，使得我们再也无法将它拉断。”习惯的这种稳定性既服务了我们的生活，又影响了我们的生活。坚持好的生活习惯能够让我们获得更加强健的体魄、更加敏锐的思维、更加和谐的人际关系、更加牢固的意志力、更加高效的工作方式……但是，坏习惯一经形成，也会对我们的生活造成持久的影响。比如，我们会在睡觉前躺在床上不停地玩着手机，虽然意识到熬夜会影响第二天的工作，却没有办法停下来。

著名作家奥斯特洛夫斯基说过一句名言：“人应该支配习惯，而决不能让习惯支配自己。”那么，我们应该如何控制自己，选择、培养并维持对自己有益的好习惯呢？关于这一点，我们在网络上可以收集到各种各样的习惯养成经验，可这些经验对我们来说都是有效的吗？碎片化的信息能够促进我们的成长，但是要想提高效率，还需要进行系统的学习。

本书将以心理学理论为依据，结合具体事例，就生活的各个方面讲述如何培养好习惯，修正并避免坏习惯，实现人生的高效化。也请看到这本书的朋友，立即行动起来，养成好习惯，拒绝坏习惯。

目录 CONTENTS

CHAPTER 01

第一章

认识习惯，了解习惯形成的原理

大脑的渴求：打开习惯之门的钥匙

你的身边是否有这样一群人，他们能够坚持练习书法，坚持阅读，坚持去健身房锻炼身体，坚持早睡早起……而且，这并不是他们心血来潮之举。他们可以坚持一个月、一年乃至十年，直到练字、读书、锻炼成为他们生活当中的“必需品”，变成一种习惯。

同样地，他们的生活也因为这些微小举动所带来的好处发生了巨大的变化。他们可以写得一手令人羡慕的好字，能够拥有渊博的学识，可以获得令人称羡的好身材……

你万分羡慕，并且想要像他们一样，坚持做一件事，也幻想过有一天，自己能够尝到好习惯所带来的甜头。可当你真正开始实施计划的时候，你会发现，事情好像并没有那么简单。

可是，为什么那些人就能够轻而易举地坚持这些好习惯呢？

美国著名心理学家B.F.斯金纳为了验证刺激—反应理论，精心准备了一个特制的箱子。箱子并不大，里面的东西也十分简单，只有一盏灯、一根杠杆、一小杯水、一个食盘和仅供外来生物进入的小门。其中，杠杆和食盘相互连接，只要按压杠杆，就会有一粒食丸落入食盘当中。

随后，斯金纳将一只极度饥饿的小白鼠放入箱中，观察小白鼠的反应。起初，小白鼠在实验箱中四处逃窜，抓挠墙壁。经过一段时间的碰壁之后，小白鼠意外地按压了杠杆，触发了早已设置好的机关，一粒食丸落入食盘当中。

小白鼠迅速向食物跑去，享用这来之不易的美餐。但是一粒食丸并不能满足小白鼠的需要，因此，享用完食丸的小白鼠又开始新一轮的四处摸索。偶然之间，它再次触发机关，获得食丸。

随着触发机关的次数增多，小白鼠按压杠杆的速度越来越快，到后来，小白鼠进入实验箱后，按压杠杆几乎成了它的本能，变成了一种“自动化”行为。

通过斯金纳的实验，我们不难发现是大脑的渴望推动着小白鼠形成新的习惯——按压杠杆。如果小白鼠并不饥饿，那么它在发现四周没有危险以后，就会停止四处乱撞。换言之，如果你不需要减肥的话，你也不会将太多的精力放在研究降低体重的方法上面。

在日常生活当中，人的注意力十分有限，因此，大脑更喜欢将注意力放在自己需要的东西上面。例如，小白鼠需要食物，因此它会采取行动，而在这个过程中，它发现了按压杠杆能够获得食物，所以它会坚持做这个动作，直至自己吃饱。与此同时，这个动作逐渐变成了小白鼠的一个习惯。

和动物相比，人类除了生理需要、安全需要，还能够为自己设置其他渴望的对象，如成功、财富、名望、权力、爱情、健康等。当大脑产生了某种渴望以后，就会向我们发出指令，要求我们采取行动去满足它，而这就成了我们开始尝试新习惯的动力。在这种动力的驱使下，我们开始摸索满足大脑的渴望的途径。如果我们得到了想要的东西，但不是一次性地满足，那么大脑就会敦促你重复某一行为，以此获得更多的刺激和愉悦。因此，和那些能够坚持阅读、锻炼、早睡早起的人相比，与其说你不如他们有毅力，不如说你的“欲望”不够强烈。

与其羡慕别人因为某个好习惯而获得了好处，盲目学习他人的习惯，不如从设立目标开始，为自己的坚持提供源源不断的动力。需要注意的是，我们在拟定目标的时候，最好思考一下几个问题。

1. 你的目标是否是切实可行的。

2. 你的目标对你来说是否具有足够的吸引力。

3. 你的目标是否和你的能力相匹配。

我们需要的不只是一个目标，更需要的是一个“高质量”的目标。因为它和我们的能力相吻合，所以我们具备实现目标的可能性；又因为我们渴望拥有这一项特质，所以我们有足够的动力去实现它。

不过只有目标是不够的，我们还需要一个“体系”来支撑它，帮助我们获得我们所需要的东西，使我们的大脑更好地获得满足。

利用刺激、奖赏搭建出“习惯回路”

美国著名心理学家威廉·詹姆斯曾经说：“所有人的生活都有其明确的形态，但其实都是由各种各样的习惯构成的。”随着时间的推移，每个小习惯综合起来会对我们的身体健康、工作效率以及幸福感产生巨大的影响。因此，在习惯养成的过程中，人们都想要尽量纠正坏习惯，培养好习惯。只不过在这个过程中，并不是每一个人都能够成功罢了。

对于那些没有养成好习惯，或者很难纠正坏习惯的人来说，他们并不是愚蠢，也不是完全没有毅力。事实上，并不存在无法养成的好习惯或改变不了的坏习惯，问题的关键在于是否能找到习惯背后所隐藏的“习惯回路”。那么，“习惯回路”到底是什么呢？

狮子和人类一样，本能地对火有恐惧感，因此没有被训练过的狮子是不会主动接近火源的，更不要说跳过火圈了。为此，马戏团里的训练员在让狮子上台表演之前，都会对其进行“习惯培养”。

当狮子站在火圈前迟迟不肯跳的时候，训练员通常会挥鞭抽打狮子，促使其跳过火圈。当狮子顺利地跳到火圈的另一边以后，训练员就会给狮子一点食物作为奖励。然后，训练员会升高火圈的高度，并把狮子重新带到火圈的另一边再次挥鞭，强迫狮子跳过更高的火圈，成功以后，再次予以奖励。

如此往复循环，只要训练员挥鞭，即使鞭子没有打在身上，狮子还是会本能地受到刺激，不管火圈的高度和火焰的热烈程度如何，都会立刻跳过去。

在这个过程中，我们可以发现一条非常明显的“习惯回路”：训练员给予某种暗示或刺激→狮子做出惯性动作→狮子得到奖励→训练员再次给予刺激……同样地，我们的习惯养成也遵循着这样的“习惯回路”：受到某种刺激，然后执行某个习惯行为，最后获得相应的奖励。其中最突出的是以下三点。

1. 刺激，指的是诱发惯性行为的暗示、环境、条件等，是执行惯性行为的前提。

2. 行为，指的是接受刺激后，自然而然执行的动作。

3. 奖赏，指的是完成惯性行为后所获得的满足我们需要的东西，是促使我们想要继续完成惯性行为的动力。

当我们不停地接受到同样的刺激和奖励，并反复执行相同的行为时，该行为和刺激、奖赏所构成的“回路”就会不断得到强化，进而形成习惯。简言之，对“习惯回路”的有效重复，能够帮助我们养成习惯。

但是我们在日常生活当中，常常忽略刺激和奖赏的作用，只关注自己是否执行了习惯行为，所以我们会觉得培养好习惯和改变坏习惯十分困难。为此，我们在培养好习惯的过程中，至少应当做到以下几点。

1. 寻找刺激。

常见的刺激主要有时间、语言、物品、环境，我们可以根据自己想要培养的习惯，根据自己的需要，选择相应的刺激物。

2. 将刺激和惯性行为联系起来。

在习惯形成以前，人们接受刺激以后，并不会马上做出反应，执行习惯性行为。而是需要一定的时间，搭建起刺激与反应，也就是惯性行为之间的联系。

刚开始的时候，习惯晚睡晚起的人很难在11点之前进入睡眠，即便他们已经躺在床上，也会辗转反侧，难以入睡。这时，就需要依靠意志力，在不玩手机的情况下，度过这一段难熬的时间。直到11点的时候，自觉产生困意。

3. 完成惯性行为以后，给予自己奖赏。

奖赏主要分为两种：一种是习惯本身所带来的，如家庭和睦、身体健康、思维敏捷等；还有一种是外界给予的，如权力、金钱等。奖励的存在能够让我们对习惯产生一种向往，让我们想要继续保持“习惯回路”，以获得更多的奖励。

但是有一些习惯本身所带来的奖励，并不能让我们立刻获得满足，而是需要坚持一段时间以后才能产生效果。因此，当我们遇到延时奖励的时候，如身体更健康、成绩更优异、画技更精湛等，可以隔一段时间就奖励自己一件礼物，或者允许自己做一件很久以来想做的事情，从而提高执行习惯行为的积极性。

从“不自觉阶段”走向“自动化”

当你有了明确的目标，形成了合理的“习惯回路”，并且坚持了一段时间后，你的习惯养成之路是否就此一帆风顺了呢？

习惯的养成并不是一蹴而就的，而是一个过程，一般可分为三个阶段。

1. 不自觉阶段。

在这一阶段，习惯养成者需要在外力的督促下，不断强化“习惯回路”，形成条件反射，达到最低层次的习惯。

2. 自觉行为。

习惯养成者不再依赖外力监督，转而依靠内部的自我监督，经过数次重复后，形成更加稳定的“习惯回路”。如果这种行为习惯被破坏，就会出现内部调整，但需要有足够的意志力维持新的习惯。

3. 自动化。

在这一阶段，习惯养成者能够达到类似本能的程度，不需要监督，也不需要意志力，一种新的行为习惯基本养成。

习惯本质上是一个通过对某一行为进行重复，最后达到自动化的过程，是思维、行为从“不自觉阶段”走向“自动化”的过程。

2018年，被称为“人肉打印机”的韩国画师金政基参加了在韩国举办的富川国际动漫展。展会上，金政基执笔站在雪白的画布前，沉思片刻后，他靠近画布，直接挥笔画了起来。和大多数画师不同，金政基并没有在这长达9米的巨幅画布上打草稿，而是直接绘画，将被描绘的事物的细节展现得淋漓尽致。

金政基花了三天时间，在长9米的巨幅白布上为观众描绘了一个独特的游行场面。放眼望去，整个画面从中心开始向外突出，状似鱼眼。而在画面中的不同角落，不同姿态的人物、飞驰而来的车辆、风格迥异的建筑，跃然纸上。

前来观展的游客大都惊讶不已，不明白金政基是怎么做到在整个绘画的过程中，没有过多的迟疑，而是一笔接着一笔，仿佛一笔下去以后，有一股神奇的力量牵引着他在纸上画下另一笔，而且每一笔都恰如其分。

当有记者问他："画画时，你没有做任何收集资料的准备吗？"

金政基坦言："大部分时候不需要，因为在我下笔时，我的脑海已经有了95%的画面，每画一笔，我都会想到下一笔应该是什么。"

绘画对于金政基来说，已经成为一件自然而然的事情，是一种达到"自动化"程度的习惯。但是在最开始的时候，和绝大多数人一样，金政基并不熟悉人体骨架、人体肌肉、建筑结构、机械结构，等等，学习并且坚持绘画也曾让他感到吃力。

他需要耗费大量的注意力督促自己坚持练习，坚持每天花大量的时间在画画上，坚持进行大量、高强度的反复练习，将场景、人物练习训练到极致。在重复的过程中，大脑内和绘画有关的神经元之间的联系得到了加强。随着练习次数的增多，细胞间的信号传递速度也越来越快。久而久之，绘画对金政基来说，已经不再需要太多的注意力，变成了一件轻而易举的事情，甚至可以说成为一种本能。他只要告诉大脑，他想要达到什么样的效果，那么事先建立好的神经联系就会迅速牵引着他进行下一步动作。

这一系列反应，也被神经学家称为"长时程增强"现象。换言之，在形成稳定的习惯之前，我们需要不断地投注注意力在该行为上面，需要外在力量的干预和刺激，帮助我们增强神经元之间的联系，直至我们达到一种自动化的程度。

那么，在日常生活中，我们的习惯如何从"不自觉阶段"走向"自动化"呢？

1. 关注练习的频率。

习惯是反复之后的结果，如果只是三天打鱼，两天晒网的话，对于增强神经元间的联系并没有太大的帮助。此外，长期没有反馈的无效练习，只会浪费时间，消磨人的意志。

2. 确保你的目标对你来说有足够的吸引力。

不断重复的过程是枯燥且乏味的，如果没有充足的动力支撑自己达到自动化阶段，那么很容易半途而废。例如，你的肥胖程度严重影响了你的健康，那么，减肥这件事情已然迫在眉睫，即便再辛苦，你也会咬牙坚持下去。

3. 坚持下去。

习惯所带来的反馈是一种复利，并且在临界点来临之前，它可能并不会带来什么变化。这时，你需要做的就是坚持下去，直到产生变化，获得反馈，进入自动化阶段。

本能、习惯、价值：是谁在影响谁

美国心理学教授蒂莫西·D. 威尔逊认为，人的大脑每秒钟大概会接收 1100 万比特的信息。但事实上，我们的大脑在有意识的情况下，一次只能处理 40 比特的信息。也就是说，我们每天处在纷繁复杂的世界里，淹没在信息的海洋里，但是我们的大脑所能处理的信息量却微乎其微。为了更好地应对外在客观世界，我们的大脑逐渐学会了分配注意力。

大脑对注意力的分配并不是随机的，而是需要参考相关影响因素，其中最主要的有以下三种。

1. 本能。

本能行为几乎不占用人的注意力，是人类在漫长的历史中逐渐形成的行为模式，是人类与生俱来的。它帮助我们不断适应变化着的新环境，提高生存下去的可能性。例如，我们对食物、睡眠、排泄等的渴望。

2. 习惯。

习惯只需要占用人们少量的注意力，是人们通过后天学习，并不断重复后形成的一种行为方式，是一种高度自动化的行为。例如，中国人在吃饭的时候，往往会选择筷子而不是餐刀和叉子。

3. 价值。

价值是指某件东西或某种行为对我们需要的满足程度，满足程度越高，它对我们来说越有价值。与此同时，我们也需要投注更多的注意力在上面。例如，在减肥的时候，比起思考哪里有美味的快餐，我们更愿意关注怎样制作一份有营养的健身餐。

本能、习惯和价值共同作用，帮助我们更好地分配注意力，顺利而高效地完成一天的任务。此外，它们之间还相互作用，相互影响。

小丁是某高中的学生，除了英语，他的各科成绩都很好。为了实现考上清华大学的目标，小丁将英语作为首要突破口，坚持每天至少花费两个小时来学习。

为了节省时间，小丁决定每天跑步的时候背一个单元的单词和一篇短文，直到背完才回家。就这样，小丁每天出去跑步之前，都会提前准备好一张单词条和抄好短文的纸。

两年过去了，高考结束的小丁如愿考上了自己的目标院校，他的英语水平也明显获得提升，不需要再像以前那样疯狂地学习英语了。

但是每次出门跑步之前，他还是会不自觉地摸口袋，检查自己有没有带单词条，跑步的时候，大脑也会不自觉地去思考以前背过的英语文章，或者其他科目的题目。

不管是好习惯，还是坏习惯，其中都藏着一条关系链，某一活动对人的价值驱动人反复重复该活动，逐渐习惯。当习惯达到自动化程度的时候，也就成了本能。考上清华大学这一目标驱使小丁将和英语有关的事情放在首位，并且促使他持续地进行某项和英语有关的活动。久而久之，小丁就养成了习惯，而当跑步背单词这一习惯几乎不再受意识支配的时候，跑步背单词就变成了本能。

但是，它们之间仅仅存在谁决定谁的单向关系吗？事实上，并不是这样的。在本能、习惯和价值之间还隐藏着反向关系，即当某一活动成为一种本能和习惯以后，它对我们的价值就会增大，因为它变成了我们每天不得不进行的事情。而习惯变成本能以后，习惯的效能也会得到强化，能够帮助我们花费更少的注意力获得更大的成效。因此，价值、习惯和本能之间并不是单纯的谁决定谁的关系，而是相互作用，相互影响的。

通过了解它们之间的关系，可以帮助我们更好地培养习惯。比如，当我们不知道从哪里寻找动力，支撑我们完成习惯的时候，我们可以用它的价值说服自己；当我们不知道该怎样坚持下去的时候，可以想想习惯的养成并不永远都是这么费力的。

看似强大的习惯，有时也很脆弱

每天坚持晚上 10 点前入睡的人，往往在 10 点左右就会感受到困意，如果他有一天熬到 12 点入睡，那么第二天醒来的时候，通常会感到头昏脑涨。一旦行为成为习惯以后，它就像一个日程表，时刻催促着我们，告诉我们什么事情需要去做，如何做以及什么时候做。

这在很大程度上节约了我们的精力，将我们从常规性活动中解脱出来，获得更多可自行支配的自由时间。而我们每做一次该行为，这种习惯回路就会被强化一次，所需要的反应时间也就越短。但这意味着，习惯一旦形成，就无坚不摧了吗？

1935年，美国退役军人比尔和医生鲍勃在美国联合创立了一个匿名戒酒协会。协会的成员来自四面八方，他们肤色不同、性别不同、职业不同、爱好不同。但是他们有一个共同的特点就是沉迷喝酒，且深受其害。

他们大多数人尝试过戒酒，有的人采取了种种疗法，如劝诫、药物治疗、催眠、住院等，但大都收效甚微，或者效果保持的时间不长。一旦他们感到焦虑，一切又会回归原状。

他们渴望从嗜酒中解脱出来。

和传统的治疗方法不同，匿名戒酒协会并不强求嗜酒如命的成员们否认他们对酒精的执着，而是让他们坦然承认自己的欲望。告诉他们承认自己确实暂时没有办法摆脱饮酒的恶习，自己的生活也因为过度饮酒而变得一团糟。此外，协会会引导成员聊天，讲述自己的不道德行为，回忆那些曾经受到自己伤害的人，并在不伤害自己的情况下，向受害者进行忏悔。

就这样每个人都讲述了自己的不道德行为，也倾听了不同人的境遇，在频繁地聊天当中，一些变化也悄然发生。渐渐地，一些人逐渐摆脱了过度饮酒的劣习，而且也极少复发。

匿名戒酒协会的做法也许并不十分科学，甚至还有些匪夷所思。事实上，匿名戒酒协会依靠的是习惯的力量。酒瘾在一定程度上也是一种习惯，并且是一种达到自动化程度的习惯，但是这并不意味着，过度饮酒这一习惯无法被改变。匿名戒酒协会让成员进行忏悔，其实就是在给予他们压力、刺激，让他们感到不安、焦躁，但是这种情绪可以通过聊天、道歉释放出去，这就给了成员们一个暗示：当你感到心情糟糕时，饮酒并不是唯一的发泄途径。匿名戒酒协会通过这个方法逐渐改变了一些人过度饮酒的坏习惯。此外，由于旧有的饮酒习惯链遭到了破坏，所以再复发的可能性也会大大降低。

坏习惯是这样，好习惯也是这样；根深蒂固的习惯是这样的，还未稳定的习惯更是如此。我们对惯性行为的执行，不仅依赖于我们自身的意愿，还需要依靠外在的环境。一旦外界环境发生改变，或者我们不再具备执行惯性行为的条件时，我们往往需要付出额外的时间、精力、金钱来弥补这种变化。如果这种改变让我们感到更加舒适的话，那么我们长期坚持的习惯链就会出现裂缝，甚至断裂。

因此，在日常生活中，我们不要再抱怨坏习惯很难改，也不要过度自信，认为自己已经坚持了半年，完成某项活动已经是自然而然的事情了。在改变习惯和维持习惯上，我们还需要注意以下三个方面。

1. 投入足够的注意力。

习惯进入自动化阶段的时候，固然不需要我们花费太多的精力，但是这也并不意味着我们不需要花费精力，我们还需要投入注意力，督促自己去完成某项活动。

2. 注意习惯的运行环境。

习惯依赖于一定的外在环境，当外在环境不利于我们完成习惯时，我们可能会逐渐放弃这一习惯，这可能是暂时的，也可能是永久的。

3. 给予自己相应的奖励和反馈。

不管是行为本身带给我们的奖励，还是我们自行给予的奖励，我们都要保证有所反馈，从而保持坚持下去的动力。

“破坏性创造”为什么能够改变习惯

习惯虽然是一种强大的运行机制，但是并非不可改变的。长期用右手写字的人，也可慢慢养成用左手写字的习惯；习惯咬指甲的人，也可以放弃伤害指甲的行为，并获得一双漂亮的手；习惯不吃早餐的人，也能够逐渐养成吃早饭的习惯……诸如此类的例子还有很多，成功的关键在于我们是否找到了改变习惯的“黄金法则”——破坏性创造。

荷兰著名经济学家熊彼特曾提出过一个类似的概念，即“破坏性创新”。他认为企业创新就是破坏企业内部陈旧有害的结构，创造新的有利于企业发展的运行结构。将这一思维方式运用到习惯领域，就是“破坏性创造”。在保留刺激和奖励的情况下，改变行为，破坏原有的习惯回路，从而创造新的习惯。

在20世纪，橄榄球界出现了一个令人扼腕叹息的笑柄和一个令人拍手叫绝的奇迹。

坦帕湾海盗队来自西部，1977年迁移到国联中。和大多数球队不同，坦帕湾海盗队并未取得什么好成绩。坦帕湾海盗队迁入国联后，曾在两个赛季中连败26场，负多于胜的情况对他们来说也是家常便饭。如此糟糕的成绩，使得坦帕湾海盗队被看成美国国家橄榄球联盟中最糟糕的球队，一位报纸专栏作家甚至将海盗队比喻成“美国的橙色脚垫”，人人都可以踩上一脚，登上胜利的顶峰。

为了改变这尴尬的局势，坦帕湾海盗队多次更换教练，但收效甚微。直到托尼·邓吉成为坦帕湾海盗队的主教练后，海盗队才一改颓势。

橄榄球是一种热衷于佯攻与反佯攻的比赛，兵不厌诈与声东击西是它的特点。这些球员以前受到的训练都是由此出发，注重战术，要求他们记忆如何欺骗对手大脑和眼睛的方法。但是，邓吉反其道而行，淡化了思考的环节，要求球员凭借下意识做出的反应，以最快的速度得分。如果球员在训练的过程中出现了犹疑，沉浸在思考以何种战术迅速地避开对手并拿到得分的话，邓吉会严肃地指责该球员，要求球员只需要记住他的方案，速度才是最重要的。

正是邓吉这种打破常规的训练方法，带领着海盗队走向胜利的康庄大道，最终在2002年，捧得超级碗冠军。

改变习惯并非轻而易举，但也不是难如登天，关键还是要找准方法。在邓吉的训练方法中，其实就隐藏着改变习惯的黄金法则——“破坏性创造”。在前文中，我们提到习惯回路分为三个部分，分别是刺激、行为和奖赏。传统橄榄球队球员在赛场上，接收到“开球”信号的时候，便会立即思考自己要采用何种战术才能够赢得胜利，海盗队也不例外。将其思维方式进行简化、分解，我们可以发现隐藏在背后的习惯回路，即“开球—思考相应战术—胜利”。察觉到这一点的邓吉决定转变思路，改变它的中间环节，用下意识反应代替思考环节，破坏原有的习惯回路，创造出一个新的习惯回路。这时，海盗队的习惯回路就变成了“开球—下意识接球—胜利”，这大大缩短了球员所需要的反应时间。

由于刺激源和奖励不变，球员们不需要额外花费时间去熟悉它们，他们只需要不断地重复练习几种阵形并达到自动化的程度。这样，即使对手能够看出他们的战术，他们只需要在对手还在思考战术的时候快速得分就行了。简言之，邓吉赢在了速度上。

在日常生活中，我们也可以学习邓吉的方法，改变坏习惯，优化好习惯。

1. 找到旧有的习惯回路。

通过回想，找到习惯回路，并按照“刺激—行为—奖赏”的形式，记录在本子上。比如，经常喝可乐的人想要减少可乐的摄入，他需要回想自己通常在什么情况下摄入可乐，他发现自己经常在运动完以后喝可乐解渴。因此，他的习惯回路就是“运动—可乐—解渴”。

2. 寻找相应的替补品。

依然以戒可乐为例，当他发现自己的习惯回路后，他需要寻找可以替代可乐的健康饮品，如矿泉水、凉茶、冰镇牛奶等。

3. 不断重复，形成新的习惯回路。

选好替代品后，我们需要做的就是不断重复，将旧有的习惯回路，即“运动—可乐—解渴”替换掉，形成并巩固新的习惯回路。如果你担心无法克制自己的欲望，可以找人帮你，或者你自己提前把东西准备好。

盲目地创造并坚持新习惯，不如抓住习惯养成的内在规律，利用已经形成的旧习惯。在维持刺激和奖励不变的情况下，替换掉中间行为，进行“破坏性创造”，纠正坏习惯，强化好习惯。

建立监督机制，拒绝“无脑重复”

习惯形成以后，你既能够享受自动化所带来的便利，也需要面对它所带来的威胁——无脑重复。

父母通常会在孩子很小的时候教孩子如何刷牙。刚开始，他们还不熟悉刷牙的流程，动作笨拙。在父母的监督下，孩子们通过不断重复刷牙，刷牙的动作越来越规范。十年以后，孩子们不再需要父母的提醒，起床以后就会自觉地走到洗漱台前刷牙。不过这时，孩子们的刷牙动作已经固定了，他们不会专门花时间去寻找更好的刷牙方法，只是按照之前形成的肌肉记忆，不断重复，就像系鞋带、拿筷子一样。

事实上，其他形成习惯的活动也大致如此。某种行为一旦形成习惯，不需要我们再花费过多的精力在上面，就可以自动完成。大脑感知到这一便利，就不会想要对它进行提升和改善。而我们则会为越来越熟练的动作而沾沾自喜，认为自己越来越强大。

然而，我们其实只是在增加熟练度而已，如果一开始动作出错了，那么我们就是在强化错误。因此，在某一行为形成习惯以后，我们还需要建立相关的审核机制，敦促我们不断优化习惯行为，而不仅仅是减少反应时间，增加熟练度而已。那么，我们应该怎么做呢？

1. 自省。

回顾自己在过去的一段时间里，习惯所带来的结果是怎样的。你可以通过提问的方式检查这一点，如“在过去的一段时间里，新习惯给我带来了什么好处”以及“什么坏处”。

2. 反思。

反思自己的行为是否存在瑕疵。一些行为虽然形成了习惯，但是并不代表这些行为本身就是完美的。我们需要实时观察其中是否存在什么错漏，并加以改正。

第二章

CHAPTER 02

探索自我，开启习惯养成第一步

自我认知：先回顾自己，再对号入座

传说，太阳神阿波罗在帕尔纳索斯山脉建造了一座神庙，名为德尔菲神庙，是古希腊诸神向凡人传达神谕的地方。而其中最著名的一条神谕，即“认识你自己”。大家都知道人需要探索自我，但是人们到底应该如何认识自己呢？我们对自我的认识，不仅限于现在和未来，还包括过去。我们之所以成为现在的自我，在很大程度上受到过去种种因素的影响。

比如，一个人的性格并不完全是天生的，在很大程度上，还受到后天环境的影响。如果父母教育孩子从小勤劳勇敢，并且以身作则，那么孩子长大以后，很有可能成为这样的人。性格一旦形成以后，又会影响孩子的行事风格，进而影响到他的未来。

因此，回顾自己的行为，即给自己一个总结自己的机会。正如稻盛和夫说：“回顾自己人生的每一天，其实就是通过经营实践，不间断地提升自己心性的每一日。”

曾子姓曾，名参，字子舆，居住于鲁国南武城，是春秋末年的思想家，儒家学派的代表人物之一，被后世尊为“宗圣”，仅次于“复圣”颜渊，深得孔子喜爱。

有一天，孔子的另一位弟子前来请教，问曾参：“你是怎么做到每天进步这么大的呢？”

曾参听了，不禁莞尔一笑，说："我做的其实并不多，只是坚持每天反省自己，思考自己在为他人谋划的时候，有没有什么不忠诚的地方；与朋友交往的时候，是不是讲信用；老师传授给我的知识有没有每天温习。"

来人听后，只觉得自愧不如。

曾参是一位学识渊博的学者，他坚持每天反省自己，回顾自己的一天。在回顾的过程中，他并不是把所有发生的事情都事无巨细列入考察范围，也不是随意选择两三件事情作为观察对象。相反，曾参选取了三个方面，即工作、交友和学习。这三个方面和曾参在社会生活中充当的三个主要角色有关，分别是谋士、君子和学者，如果他所做的事情和角色要求相背离，那么曾参的人生价值就会大大降低。因此，在日常生活中，曾参需要时刻回顾自己的行为，通过自己的一言一行，进一步了解自己是否完成了维持身份角色的基本要求，并纠正自己的缺点，将自己引向更高的层次。

同样地，我们的生活也需要回顾。如果我们不去思考自己以前如何行事、如何思考，那么我们就很难发现自己的行为习惯和思维习惯。这些习惯并不是看两本心理学书籍，或者听两次星座理论就能够掌握的。要想正确地认识自我，不妨从以下三个方面着手。

1. 设立回顾角度。

一个人一生会经历许多事情，但并不是每一件事情都需要提出来分析，分析不完，反而会让我们不知所措。这时候，你可以尝试像曾参一样，选定一些方面的事情，可以是和你身份相关的事情，也可以是你在意的事情，比如你在意你的学习，那么你只需要回忆学习的时候你是怎样的状态，不要再去思考该工作的时候你在干什么。这不仅可以减轻我们的思考压力，也可以让思维的层次更加清楚，从而帮助我们快速锁定自己在这个过程中形成的好习惯和坏习惯。

2. 细化回顾层次。

定好大的方向以后，我们还可以进一步细化，将学习这个大板块分为几个小板块，如听课、做作业、复习、看书、做笔记。当然，你也可以按学习场所进行分类，如在校学习和在家学习。分好板块后，再去仔细回想，自己在做这些事情的时候表现如何。

3. 进行总结，记录在册。

一系列回想之后，如果不总结，或者不将结论记录在本子上，那么你也仅仅是将自己的表现分析了一遍而已，最初的时候你印象深刻，一段时间以后，你可能就忘得差不多了。记录在册，可以让我们在下次总结的时候有所参照，看看自己经过一段时间的调整，是否有所改变。如果想要方便携带的话，可以在思维导图软件上进行操作，这样不仅便于携带，还便于我们了解当时的思考过程和思考结果。

自我认识并不是为了清楚地了解自己到底是哪一类型的人，相反，我们总觉得自己在某个时候是某种类型的人，换个环境，可能又是另一种类型的人。我们只能通过回顾，了解到自己的行为习惯和思维习惯，了解到自己在某一环境下，可能会如何思考，做出怎样的举动。

相比于某一确定的人格，这样可能有些模棱两可，但是回顾了解自己的行为，确实是必要的事。

自我评价：识别自身好习惯与坏习惯

执行完一项任务以后，我们通常会就事情的结果对该任务进行评价，这种评价相当于一种总结性的反馈。根据反馈，我们能够决定某件事情是否有继续或再次执行的必要。

执行他人派发的任务是这样，自己培养一个习惯也是如此。好习惯能够帮助我们靠近成功，坏习惯则会影响我们的身心健康。一些坏习惯能够在人们没有察觉的状态下长期存在，并不是因为这些坏习惯的隐蔽性高，而是因为执行者从未进行自我评价，无法识别自身习惯中有哪些是好习惯，又有哪些是坏习惯。

小华听取了老师的建议，每天晚上睡觉之前都会回顾自己这一天做了什么，并且将每件事逐条记录下来。

一个月后，小华就用完了两本笔记本。但是当他翻阅之前记录的东西时，却有些茫然，觉得本子上写的东西既熟悉，又陌生。有时候，他会惊讶于自己居然能够连续一个月都学习到凌晨 1 点，还发现了自己以前都不知道的一些小动作。

新鲜劲儿过去以后，小华再次回过头去看自己记录的东西，突然发现熬夜学习对自己并没有帮助，反而让自己在第二天上课的时候，陷入深度睡眠，错过了老师的讲课内容。而在去学校的路上，边走路边背英语短文，自己的记忆速度会更快。

熬夜学习对于“夜猫子”来说，是一个好习惯，但是对于那些白天精力更加旺盛的人来说，并不是。自我评价就相当于杀毒软件，它能够就行为结果向我们发送提示，提醒我们当前所执行的习惯行为，是否会对我们造成伤害。

比如，那些习惯了随意摆放物品的人，如果他不进行自我评价的话，除非家人或同事提醒，不然他自己可能并不会认为这是一个坏习惯，依然会在使用物品前，花大量的时间搜寻物品。

因此，根据行为结果和基本原则，对习惯进行评价，十分有必要。我们可以将这个过程分解为以下两个步骤。

1. 建立相应的评价标准。

自我评价虽然出于自我意识，但并不是类似于“我觉得好”或“我觉得不好”的随意评价，它需要遵照一定的评价标准。比如，工作到深夜两点的习惯。这个习惯对白天效率高，晚上效率低的人来说，绝不是个好习惯，但是对于那些晚上的工作效率要高于白天的人来说，这又是个好习惯。因此，我们需要根据自身情况设立相应的评价机制，而不是人云亦云。

2. 行动之后，立即反思。

和电脑杀毒软件相比，我们的大脑并不能够支撑我们将自己所有已经形成和尚未形成的习惯搜索出来，大脑更加偏向于即时反应。如果等到习惯形成以后再来考察，想要纠正就要花费相当多的时间和精力，甚至我们会忘记自己还有这样一个习惯。

因此，我们可以在执行完任务以后，根据结果和评价标准，考察该行为成为习惯以后会对我们造成什么样的影响，是否适合我们。而对于那些短期之内看不出好坏的行为，则可以记录在备忘录上，随时记录查看变化，进行跟踪调查。

自我定位：习惯如何塑造你的身份

你听到过这样一个观点吗？你觉得自己要成为一个怎样的人，那么就按照那类人的标准去打扮自己，要求自己，慢慢地，你就会成为那种人。事实上，这个观点的底层逻辑就是，在每个行为体系背后，都蕴藏着一套信仰体系。

小目标的实现是为了完成大目标，大目标的实现则是为了帮助你成为自己想成为的人。你的目标和行为都不是凭空产生的，而是来自你的“信仰”，即你对自己身份的认识。因此，在忙着定目标之前，不如先花一点时间，想一想自己要成为什么样的人，找到自己的定位。

有一位哲学家几乎一生都生活在贫困之中，除了写作，他几乎一无所有，甚至女儿结婚的时候，他连婚礼的费用都给不起。

但在某一天，他时来运转。当时的女皇十分喜爱读书，尤其是这位哲学家所写的作品。听闻如此有才华的人，却过着贫苦的生活，女皇十分难受，决定资助哲学家 1000 英镑生活费。

得到这笔钱的哲学家不仅为女儿办了婚礼，还为自己购置了一件漂亮的新袍子。可是，他突然发现自己这件漂亮的新袍子和他的家并不相称，他的家简陋而又破旧，但是他的袍子却是那样华丽，哲学家想要成为一个有生活情调和品位的人。在这样的冲击下，哲学家决定换掉破旧的地毯，换掉已经快要散架的旧摇椅，购置了昂贵的雕塑装饰他的家。

曾经，贫穷的生活让哲学家没有时间思考写作以外的事情，简陋的房子对他来说就已经是一个非常温馨的暖窝。但是，当他收到一笔巨款的时候，哲学家对自己的定义发生了变化，他开始想要成为一名精致的作家。为此，他换掉了地毯、摇椅等物品，买回了和“精致”相匹配的家具。

我们不妨将这个循环分解为三大步骤。

第一步：从习惯出发，决定自己要成为哪种人。

举个例子，假如我们想要培养每天写作的习惯，那么我们可以把自己的身份设成作家。然后思考一名合格的作家具有哪些品质，如每天阅读大量的书籍并进行练习，注重文章所体现的情感和质量。

第二步：让行为与“身份”相符合。

知道自己要成为哪一种人以后，就可以按照那类人的标准要求自己，使自己的行为和“身份”相吻合。此时，我们不再是被迫压制欲望，去完成习惯行为，而是能够发挥自己的主观能动性，主动选择。

第三步：用一次次小成功强化“身份”。

目标习惯的实现，并不是一蹴而就的，需要经过不断的重复，才能达到稳定的效果。《掌控习惯》的作者詹姆斯·克利尔也提醒我们，在习惯培养的过程中可以用“小成功”来强化身份。所谓“小成功”，就是以该种身份取得的各种成绩，比如以运动健将的身份，赢得了一次游泳比赛的成功；以画家的身份，完成了衣服从色彩到构图都算合格的画作……

为了方便观察，可以专门准备一个本子，用以记录在习惯养成的过程中，我们通过给予“身份”获得的小成功。记完了也并不是随意放在一边就可以了的，还需要定期复盘、总结并鼓励自己。

慢慢地，在坚持记录、定期回顾的过程中，我们的目标身份和对自己一定能够养成习惯的信念，都能够获得一定的强化。如此，我们一定能够成为自己想成为的人。

修正自我原则，接纳多样的自己

心理学家认为，人在幼年时期会根据父母说的话，或自己所处的社会环境，形成一种自我原则。自我原则根植于人的无意识当中，当我们在做某件事情的时候，大脑就会发出“你必须怎样”“你应该怎样”的指令，一旦我们的行为没有达到要求，就很容易产生消极的心理情绪。

举个例子，你是一个节俭的人，你认为浪费粮食是可耻的，那么即便食物的味道让你产生生理上的厌恶，你觉得难以下咽，倒掉食物这件事依然会让你产生不安的情绪。

自我原则一方面能够引导我们自发遵守公序良俗，另一方面也会影响我们的情绪。

一天，子舆突然生了一场怪病，他的好朋友子祀急忙赶去探望他。见面之后，子祀惊讶地发现子舆竟然驼了背！子祀担心子舆因为自己的反应更加忧愁，不敢显露出同情之色。

可是谁曾想到，子舆一见到子祀，便激动地对他说："伟大的造物主啊！竟然把我变成了驼背，背上不仅生了五个疮口，脸也因为佝偻着的背，贴到肚脐上去了。现在啊，我的肩膀也高过了头顶，脖颈则朝天凸起。"

虽然子舆这样说，脸上却没有流露出任何哀愁，子祀大为不解："你不对你现在的模样感到忧愁吗？"

子舆欣然回答："我为什么要忧愁呢？如果我的右臂变成了弹弓，我就用它去打斑鸠；如果我的左臂变成了大公鸡，我就早些起来，去为人们报晓；如果我的尾椎骨变成车，精神化作马，我就驾车去遨游世界。"

子祀听后，大为敬佩，对着子舆深深地鞠了一躬。

子舆在外貌上，并没有严苛的自我原则，没有要求自己必须毫无瑕疵，一定不能够生病。所以当他生病后，他没有自怨自艾；相反，他能够尝试调整情绪，坦然地接受这些变化。后期如果需要治疗，子舆的态度也会更加积极从容。

合理的自我原则能够给我们的行为提供一个标准，让我们更好地完成任务，一旦违背，它会从内在敦促我们，下次不要再犯。但是过多的自我原则，则会让人感到压抑，对自己产生过低的自我评价，导致自我厌恶。

你要求自己必须保持苗条的身材，不能容忍自己长胖一斤；你要求自己必须考试排名全班第一，不能接受自己变成全班第二；你要求自己必须迅速完成任务，哪怕慢一点儿，都会感到自责……

所以那些容易自我厌弃的人，和普通人的区别在于，他们遵守着更为严苛的自我原则。如果他们想要改变低幸福感的状态，那么就需要修正自我原则，学会接纳自己。正如尼采所说的，我们无法把握生活中发生的事情，但可以把握诠释这些事情的方式。那么我们应该如何正确地修正自我原则呢？

1. 保证基本原则不变。

修正自我原则就像修补房屋一样，基本原则就是地基，我们不需要破坏地基，将整个房屋拆除重修，只需要修补完善即可。比如，你希望自己成为一个谦逊的人，但是你对自己的要求过于严苛，不允许自己产生一丝骄傲的情绪，否则你就会陷入极端的自责情绪当中。这时，你就需要在保持谦逊的同时，调整自己的状态。

2. 改变自我原则的表达方式。

如上所说，有时候并不是自我原则的内容让人感到压抑，而是自我原则的表达方式有问题。对于那些容易产生自我厌弃情绪的人来说，他们的自我原则往往是命令式的，如“我不可以让别人失望”“我绝不可以懈怠”“我必须成为一个优秀的人”……

遵循着这样的自我原则的人，他们对待事情的态度往往是非此即彼的，只要有一次失败，他们就会认为自己是一个失败的人。他们看不到自己已经获得的成功，只能看到一个虚无缥缈的目标。在这样的思维模式下，自然容易产生压抑、不安、焦躁、失落等负面情绪。

这时候，不妨将自我原则的表述方式转变成更为平和的表述，替换掉绝对化的词语，如“不可以”“绝对”“一定”“必须”，从而减少心理压力，让我们更容易接受在实现自我原则过程中的小失误。比如，我们可以把“我不可以让别人失望”的说法改成“我可以让别人对我更满意一些”。相比之前，转换后的表述让我们可以看到自己的成就，同时让我们明白自己还有上升空间，还想让其他人更满意。

3. 通过学习和分享，建立开放的自我原则。

《旧唐书·魏徵传》中有这样一段话，“夫以铜为镜，可以正衣冠；以史为镜，可以知兴替；以人为镜，可以明得失”。也就是说，人对自我的认识，不仅来源于内在，还来源于外在。读书能够帮助我们了解外在世界，认识并补充自我原则；分享则可以让我们将自我原则输出到外在世界当中，进行考察，获取反馈。通过与外在世界的双向沟通，我们能够进一步发现自我原则的缺陷，进行恰当的改善。

修正自我原则的根本目的在于，让你能够更加从容地接受自己的不完美。毕竟“金无足赤，人无完人”，有缺陷，有负面情绪，才是人的常态，生活的常态，我们需要做的仅仅是接纳自己。

打破自我惯性，注入新的习惯

很多人洗完澡后躺在床上，就会情不自禁地拿起手机，翻看朋友圈、刷新空间动态。然后又会不自觉地打开淘宝，开始翻看，直到半夜还是没有进入甜美的梦乡。

人在做一件事情的时候，自然而然地就会想到下一件事情该怎么做，做完下一件事情以后，又会不自觉地找相类似的事情做，这就是自我惯性。就像一辆不断向前行驶的车突然刹车，车内的乘客会控制不住地向前倾；而原本静止的车突然开始行驶，车内的乘客又会向后倒去。那些没有办法听从内心的警告，乖乖去做应该做的事情的人，往往是因为没有找到合适的突破口，引导自己打破自我惯性。

一天，上课的时候，一个男孩独自站在角落里发呆。老师看到后，生气地走上前去质问他在干什么。男孩被吓了一跳，一张脸涨得通红，支支吾吾半天，什么也没有说出来。

老师生气地说："你简直要把你们家族的脸都丢光了，你以后只能做个可怜的寄生虫。"

男孩涨红了脸，极力反驳："不，我，我，我，我要做个演，演，演，演讲家！"

周边的同学听到后，大笑起来："你连一句话都说不清楚，凭什么当演讲家？"

男孩想反驳，却说不出一句话，他更加紧张了，紧张到声音都有些颤抖。面对同学们的嘲笑，他只能攥着拳头，站在原地，忍着不让眼泪流出来。

从那以后，男孩每天对着镜子练习说话，他无法完整地说一句话，就从音节开始，一个一个读。慢慢地，男孩开始尝试读一个完整的单词，并将读错或音不准的单词记录下来，反复纠正，直到没有问题。之后，男孩又开始尝试读一个完整的句子，第一遍没有读顺就读第二遍，第二遍再不行就读第三遍，直到自己习惯读完整的句子。

一段时间后，男孩开始主动申请朗读课文，虽然有时候还是有些结巴，但是他能够不顾同学的嘲笑，坚持讲完。

就这样，这个口吃的孩子，后来成了英国历史上最伟大的首相，并在第二次世界大战中用他那富有激情的演讲鼓舞了千千万万的人，大大激励了英国军民的士气。

这个男孩就是英国首相丘吉尔，他因为老师和同学的嘲讽，决定纠正自己口吃的毛病，成为一名真正的演讲家。但这对于一个说话习惯断断续续的人来说，并不容易。

人们的每个行为都不是独立存在的，而是与其他行为活动相互联系着的。比如，你去洗手间洗澡，就会换下脏衣服；把脏衣服放进洗衣篮的时候，又会想起没有洗衣液了；于是购买洗衣液进入了你明天的日程表。

丘吉尔利用行为活动之间的关联性，从练习音节开始，让自己习惯朗读音节的感觉。慢慢地，他再由音节过渡到单词、句子、文章。在一个习惯上叠加另一个习惯，直到自己达成最终目标。因此，尽管由口吃的人到一个杰出的演讲家的过程十分困难，但并不是不可以达成的，关键在于掌握方法，注入新的习惯，进行习惯叠加。我们可以将丘吉尔的改变过程拆解成以下两个步骤。

1. 从易养成的小习惯着手。

生活中，许多事情的难度不亚于从口吃的人变成演讲大师，如 300 多斤的人减掉 100 多斤的肥肉，一个邋遢的人养成井井有条的习惯……如果习惯养成前的状态和习惯养成后的状态之间存在巨大的差距，这个差距大到让你想要放弃改变，不妨先定一个小的习惯养成目标。这个目标不仅仅是为了给予自己坚持下去的动力，还是为下一步的习惯叠加做准备。

2. 进行习惯叠加。

逐渐习惯小习惯的强度以后，我们就可以在小习惯的基础上，叠加更高强度的习惯，比如由冥想 2 分钟到冥想 5 分钟、10 分钟、15 分钟。习惯的叠加能够有效地帮助我们缓解新变化所带来的不适感，提高习惯养成的效率。

强化动机：从“想要改”到“必须改”

有人想要成为一名优秀的画家，但总是告诉自己，可以等到明天再开始练习；

有人想要通过即兴评说提高自己的表述能力，但往往说了两段就不再说了……我们往往总想做好一件事情并养成习惯，但大多数时候都无疾而终。这到底是为什么呢？

在第一章当中，我们提到过，习惯回路主要由三部分组成，分别是刺激、行为和奖赏。其中，刺激作为触发惯性行为的环境、条件、暗示、动机，在整个习惯回路当中起着至关重要的作用。如果没有动机，当然，也可以说是刺激，那么惯性行为就不会被触发，惯性行为停止后，自然就不能获得相应的奖励，这样整个习惯回路便缺少了持续下去的可能性。

小庆是一个十分容易发胖的人，她知道应该克制自己的食欲，但是下班后每次路过小吃街，她总是忍不住这边瞧瞧，那边尝尝。即使没有路过小吃街，到家后，她也会忍不住给自己点一份外卖。就这样 1.7 米左右的小庆，体重却达到了 150 斤。

为了锻炼身体，小庆特意去办了一张健身卡，但是除了刚办卡的前两天去锻炼外，小庆就再也没有去过健身房。有时候，她特意带上健身卡准备下班后去健身，但是碰到加班、公司聚会、朋友邀约、过于疲惫，就会不了了之。在没有运动的情况下，饮食毫不节制的小庆，体重超过了 200 斤。

体重直线上升后，小庆连走路都觉得气喘吁吁，这使得她更加不愿意走路，能够坐电梯的地方，就绝不会走楼梯。脸上的赘肉使小庆原本清秀的脸庞膨胀得严重变形，每次看到镜子中的自己，小庆都很难受。走在路上的时候，她总觉得别人在看她，嘲笑她。身体上的难受也让小庆倍感煎熬，最终，小庆决定请一个私教，开始健身减肥，并合理控制自己的饮食。

在现实生活中，有很多像小庆一样的人，如果当下并不会因为自己的坏习惯得到惩罚，又没有很强的自我管理意识，那么他们通常会将修正计划一拖再拖。

但是当事情拖延到不得不进行纠正的时候，为时已晚了。

我们没办法让一个长期熬夜的人，因熬夜产生的病痛马上消失；没办法让不读书的人，找回自己逝去的时间；没办法让没有储蓄习惯的人，瞬间变得富有。因此，与其纠结自己的修正计划是否可行，不如考虑自己有没有必须执行的决心，从“想要改”变成“必须改”。

我们可以通过以下方式，强化动机，增强改变习惯的决心。

1. 总结目标坏习惯的危害。

我们之所以不重视一些坏习惯，一方面是它们目前对我们的伤害还很小，另一方面是我们不了解它们。比如，很多年前，吸烟者不知道吸二手烟会对孕妇、孩子造成什么样的伤害，他们肆无忌惮地在公共场合抽烟，还在妻儿面前抽烟。当这一危害被公布出来以后，这种风气才有所好转。对坏习惯的危害有所了解，能够在我们的心中设置一个警铃，时刻提醒我们。

2. 在头脑中构想如果坏习惯没有改变，生活会是什么样子。

想象是人类的天赋之一，人能够通过想象在头脑中创造出未曾出现或发生的事物，欺骗大脑。如果坏习惯所带来的伤害深深地印刻在我们的脑海中，就能够增强我们对坏习惯的抗拒心理。

3. 在头脑中构想自己改变以后的样子。

我们既可以在头脑中想象没有做出改变后的样子，也可以在头脑中创建改变后的景象，让大脑误认为这就是现实，从而敦促我们不断向改变后的样子靠拢。

树立个人愿景：好习惯会将你带往何处

人性的本质是主动的而非被动的，人类不仅能针对特定环境选择回应方式，更能主动创造有利的环境。

小时候，我们时常会幻想过自己长大以后的样子，想象自己成了教师、警察、插画师、漫画家……获得了自己梦寐以求的职业以后，自己会过着怎样的生活，和现在相比，又有什么变化。

同样地，当我们尝试养成某种习惯的时候，也会想象形成这种习惯后，自己会发生什么样的变化。比如，坚持早睡早起后，身体有没有变得更加健康；坚持每天练习绘画，三年后是不是画得比现在更好；坚持每天写小说，是否有一天能够写出一篇爆红网络的热文。

这种对生活的想象，既是一种理想状态，又是一种个人愿景。个人愿景能够骗过聪明而又懒惰的大脑，让大脑认为这就是真实的，从而督促身体坚持，直到将愿景真的变成现实。

正如俄罗斯哲学家、文学评论家车尔尼雪夫斯基曾说："人的活动如果没有理想的鼓舞，就会变得空虚而渺小。"

20世纪中叶，席卷全球的第二次世界大战爆发，身为犹太人的弗兰克尔和他的家人被抓进了德国纳粹的死亡集中营。在那永无止境的折磨中，他的父亲、母亲、妻子、兄弟都永远地离开了他，只剩下年幼的妹妹。

他赤身站在窄小的囚室中，看着窗外遥远的天空，弗兰克尔产生了一个大胆的想法，他想象活着走出集中营之后，他要站在讲台上，向学生讲述自己在这段悲惨的经历中学到的教训，告诉他们用心灵看待自己的经历。

之后的每一天，弗兰克尔依然过着炼狱一般的生活，他的身体被囚禁在窄小的牢笼中，他必须忍受饥饿和毒打，他依然不知道自己明天是否还活在这个世界上。但是想到自己站在讲台上的样子，弗兰克尔觉得自己还可以坚持，他甚至开始鼓励自己的狱友，帮助他们在苦难中寻找生命的意义，找回失去的尊严，并研究心理疗法。

第二次世界大战后，弗兰克尔真的走出了集中营，并且成为美国国际大学的著名教授，并且担任哈佛大学、斯坦福大学、迪尤省大学和南卫理公会大学的访问教授。弗兰克尔还根据自己在集中营中的所见所感，撰写了《人类对意义的探索》，并由此提出言语疗法的理论和实践。

凭借想象和记忆树立起来的个人愿景后，弗兰克尔并没有靠着这些想象度日，而是坚持和同伴聊天，听他们的倾诉，询问他们以后想干什么，逐渐形成每天收集材料的习惯。弗兰克尔自然也有坚持不下去的时候，但是当他想到自己离开这里以后，可以站在讲台上讲述他在集中营收集到的各种各样的故事和经验，帮助更多人找到生命的意义，他认为自己现在的收集习惯是有意义的，就重新产生了坚持下去的勇气。

但是，如果同样的结果多次出现，慢慢地，人就会产生厌倦心理。就像减肥一样，一个体重超标的人在刚开始减肥的时候，能够看到体重以肉眼可见的速度下降，这时候，他越坚持越有活力。但是当体重达到一个范围后，体重下降的速度开始变慢，有时候一个月都不一定能够瘦两斤，但是稍微放纵一下，体重就会快速上升。这个人就很容易动摇，放弃减肥。处在这个时期的我们，不仅需要毅力，还需要个人愿景引导我们不断向前，让我们心甘情愿地陷入这场追逐。

那么我们该如何树立个人愿景呢？

1. 保证独立，确定目标习惯是你所渴望的。

人处在一定的社会环境中，既会受到内在思维方式的引导，也会受到外在环境的影响。没有明确自我意识的孩子，往往会听从父母的意见，将父母的愿景当成自我愿景。这样的情况下，孩子们虽然也会努力奋斗，但是很容易在遭遇困难的时候产生自我怀疑，进而放弃。因此在设立个人愿景的过程中，你要确定这是你自己所渴望的。

2. 运用想象在脑海中进行创造。

当你有了方向以后，可以根据自己的经验，通过想象在脑海中架构某一行为成为习惯以后，自己会发生怎样的变化，会遇见什么样的人，过着怎样的生活。

不过在想象的过程中要注意结合自身情况，不能随意臆想。比如，一个有酒瘾的人能够在一个月以后滴酒不沾；一个体质孱弱的人能够在坚持慢跑一个月以后健步如飞；一个文盲能够在坚持阅读一个月后学富五车。这些不切实际的幻想不但不会帮助我们，反而会在达不到预期之后，让我们备受打击，放弃好习惯。

3. 反复向自己展现愿景。

好的个人愿景并不是在我们脑海中出现一次就能够被记住，被我们的大脑相信的。它需要多次重复，才能够印在我们的脑海里。

自我领导：从习惯中汲取无穷的力量

任何事情都需要经过两次创造，第一次在头脑中构建事物完成后的大概形貌，第二次则是通过实践，将头脑中的形象带到现实生活中。第二次创造的过程类似于管理，我们需要在利益最大化的情况下达到最好的效果，而第一次创造的过程，则类似于领导，我们需要告诉自己做什么是对的，然后交给第二次创造去执行。

塔米卡·凯金斯天生听觉受损，为了弥补这一缺陷，凯金斯戴上了助听器。这样的凯金斯站在学校里，很快就成了同学们的嘲笑对象。凯金斯被羞得抬不起头，但是不知道怎样反驳，只能生气地把助听器扔掉。

父母知道后，十分生气，但是最终选择了体谅她。她的父亲拉着她的手，告诉她：“你可以不戴助听器，但是你得照顾好自己。”

从那以后，凯金斯通过唇语，观察人们在说什么。虽然最开始的时候有些不适应，但是凯金斯发现自己在读唇语上很有天赋。脱离了笨重的助听器，能够理解他人意思的凯金斯在同龄人当中，不再显得那么奇怪，同学们也很少嘲笑她了。

对于一个有听力障碍的孩子来说，养成戴助听器的习惯是再好不过的了，但是不喜欢戴助听器的凯金斯并没有压抑心中的不满，强迫自己习惯戴上助听器以后的生活，而是表现出自己的想法——想像普通人一样生活。因此，培养观察唇部动作的习惯，对于凯金斯来说，是一件对的事情，也是一个好习惯。在这个过程中，辨别唇语带来的成就感和周围人对她的认同，让凯金斯更加快乐，让她有更多勇气去面对学习过程中遇到的难题，迫切希望学好唇语。

培养习惯并不是一个消耗性的过程，相反，正确的习惯能够反哺我们自身，让我们有无穷的动力去执行习惯行为。那么，在自我领导的过程中需要注意些什么呢？

1. 撰写个人使命宣言。

个人宣言是依据我们的人生观、价值观所制定的衡量利弊得失的行为准则。而自我领导实际上相当于站在路口的指示员，告诉执行者往哪边走才是对的。因此在自我领导的过程中，我们需要这样一个准则，帮助我们判定哪些习惯对我们来说是好习惯，哪些又是坏习惯。如果我们头脑中缺乏准则的话，那么就无法选择出对我们成长有利的好习惯。

2. 选择有增值价值的习惯。

我们可以引导自己培养有增值价值的习惯，如早睡早起、每天感谢一次父母、在支付宝上给贫困山区捐一元钱、每天写一段话给自己，等等，这些事情和我们的目标并没有太大关系，但是有利于提高我们的生活品质，获得更多的幸福感。

不断更新，为自我突破奠定基础

在开始这一小节之前，请先思考一个问题：世界上最会投资的人是谁？是股神巴菲特还是其他五花八门的投资人？其实这个问题的答案并没有指向一个明确的人，而是指向一群人，指的是那些善于投资自己，更新自我的人。

人不是机器人，却和机器人很类似，比如机器人每隔一段时间都需要请专人检查、更新内部零件。同样地，人也需要更新自我，为下一步的突破奠定基础。

画家米勒出生在一个贫苦的农民家庭，虽然老师和同学们常常嘲笑他，但是他依然十分喜爱绘画。

米勒的前半生是落魄的，妻子死后，为了生存，他帮别人画画，换取金钱、食物、鞋子、临时睡觉的地方。有时候，为了迎合买主的低级趣味，他会画一些下流的裸体画。因此，小镇上的人都嘲笑米勒是个下流痞子。

这让米勒备受打击，伤透了心的他独自一人跑到了巴比松村，并在这里定居下来。脱离了城市的喧哗和压迫以后，米勒慢慢地静下心来。他观察田地里拾穗的妇女，看清晨的播种者，看站在夕阳下的贫苦农民。米勒用自己的画笔记录下了巴比松的一草一木，记录了巴比松人民最真实的一天。

这时的米勒依然不富有，也不出名，但是他孜孜不倦地感受着这片土地，描绘着这片土地。他上午在田间和其他农民一起工作，下午就回到昏暗的房间作画。在巴比松，米勒积极地结交其他画家，吸收着新的绘画技巧，并创作出很多不朽的杰作。

在巴比松，米勒并没有死守着自己过去的那套技法，而是不断地和其他画家进行交流，学习新的技法，接触新的题材，了解新的思想。这些新事物充实了米勒的心灵，让他的灵魂得到了更新和净化，而这为他后来创作出触动人心的农民题材绘画，打下了基础。

同样地，在科技发展日新月异的今天，如果我们不随时更新自我，总有一天，会被时代狠狠地甩在后头。那么我们可以从哪些方面进行自我更新呢？

1. 身体。

在现实生活中，很多观念和想法都需要通过行动展现出来，所以拥有一个好身体是非常重要的事。因此，我们可以通过运动、均衡饮食、改善睡眠质量等方法提高自己的身体素质。

2. 精神。

在完成每日的任务清单以后，可以空出一点时间，阅读一些杂书，如文学、心理学、美学、艺术史、历史、金融、科技等方面的书籍，开阔眼界。

3. 智力。

智力一方面由先天因素决定，另一方面受到后天因素的影响。在阅读和思考的时候，我们可以不断地追问自己，提高认知能力。另外，在闲暇的时候，还可以做一些有助于智力开发的如下棋、玩数独等小游戏。

第三章

CHAPTER 03

改变思维，培养积极的思考习惯

关注当下：让思维停留在正在发生的事情上

随着人类社会的发展，人们根据时间跨度，划分了三种不同的存在状态。

1. 过去，指已然发生了的事情，不能够再被改变。

2. 当下，指正在发生的事情，我们所做出的决定，影响其发展动向。

3. 未来，指还未发生的事情，具有无限的可能性和不确定性。

人对自我的认识，受过去种种因素的影响，可以说，没有过去就没有现在的自我。此外，人还会将这种自我认识投射到未来，加深你对当下自我的认识。换言之，当下你对自我的认识影响着你的每一个决定，而你做出的每一个决定又时刻影响着你的未来。

因此，在日常生活中，我们经常可以听到这样的感慨："想当初，我……""要不是当时我……，我早就……""我希望我以后能够成为一个……的人，过上……的生活""现在苦一点，以后就可以享福了"……可以发现，人们偏爱于谈论过去和未来，却很少把精力放在自己可以把握的当下。可这对我们来说，并没有太大的帮助。

小张收到了大学录取通知书，激动的小张决定改掉高中养成的坏的学习习惯，在大学里培养良好的学习状态，在自己喜欢的领域取得不俗的成绩。

为此，小张每天除了和同学一起聚餐，就是躺在床上规划自己上了大学以后应该怎么做，如一定要通过英语四级考试，去参加动画专业的旁听课，和室友处好关系，积极地参加各类讲座，和老师多沟通，学习其他领域的知识和技能，等等。

小张每天都非常盼望开学，以至于在开学前两天的时候，小张竟然兴奋地睡不着。

就这样，顺利开学了，小张在经历了繁忙且让人疲惫的军训以后，正式开启了自己的大学生活。起初，小张确实想要按照自己暑假制订的计划生活，但是他把自己的生活安排得太满了，让自己没有一丝喘息的机会，他也没有办法按时完成任务。

上专业课的时候，他总想着自己下课以后应该干什么，但是真的到了下课的时候，他又开始思考做完眼前的事情以后，他应该做什么。因此，小张的作业完成效率通常很低。一个学期结束了，他没有取得理想的成绩。失望的小张开始懊悔，认为自己应该好好完成老师布置的任务，就这样，小张又失去了一个愉快的假期。

不管是在工作的时候，还是在学习的时候，抑或在生活的时候，我们经常会将注意力放在之前发生的事情或者还未发生的事情上，从而分散了自己的注意力，无法专注于某件事情。

过去、当下和将来，看似是三种不同的存在状态，实际上，其内部也存在转化关系。随着时间的推移，将来的事情会成为你眼下的问题；而你当下的问题，也会随着时间的流逝，成为你无法改变的过去。

消耗当下的时间去忧虑将来，或者后悔过去的某个瞬间都是不可取的，因为你没有办法改变已经过去了的事情，也没有办法让将来的事情提前到来，你所能把握的只有当下正在发生的事情。

如果你不知道该如何提高自己关注当下的能力，让思维停留在正在发生的事情上，不妨尝试做这些事情。

1. 不期待一次性将所有问题都解决，我们应该将主要的注意力放在今天需要解决的小问题上，如果你记不清，可以为自己列一张今日待办清单。

2. 不强迫自己，在合适的时间做合适的事情。比如，当你饥肠辘辘的时候，如果手头上的工作并不紧急，可以先放下工作去吃一顿饭。

3. 面对问题时，别急着先发脾气，冷静下来，再做决定。

4. 像度过生命的最后一天一样，去度过生活的每一天，珍惜当下所拥有的一切。

学会“慢思考”：在信息超载的时代抓住关键

我们生活在一个信息爆炸和大脑超载的时代，每天除了获取对我们来说有价值的信息，还时常被迫接收各种各样的无效信息。为了避免一事无成，了解大脑如何工作、弄清如何提高自己的生产力已迫在眉睫。

欧洲工商管理学院教授特奥·康普诺利在《慢思考：大脑超载时代的思考学》中，将人的大脑分为思考脑、反射脑和存储脑。

1. 思考脑：人类思考的关键。

思考脑处理问题的速度较慢，且不能一心二用，一次只能处理一个想法，不过它也有足够的时间想象不在眼前的东西，凭空推想我们不曾经历的事情，甚至能想象根本不存在的东西。

2. 反射脑：根据在经验基础上形成的习惯，迅速做出反应。

和思考脑不同，反射脑的反应速度很快，可以极大地帮助行动缓慢的思考脑。如果没有反射脑来掌管那些无须思考的常规性事务，思考脑永远不会有足够的时间、精力和空间来完成自己的任务。

3. 存储脑：至关重要的放松。

存储脑在一刻不停地整理、操控、储存、更新大脑里的信息，以便让我们从中归纳知识，得出见解。最重要的一点是，只有当我们暂时从现实中抽离，让思考脑空闲下来，不要求它完成任何重要任务时，存储脑才能顺利执行信息处理的任务。因此，定时放空大脑，什么也不想，什么也不做，也是很重要的事。

以上三个部分在思考过程中承担着不同的角色，发挥着不同的作用。如果长时间无意义地消耗大脑，大脑就容易陷入疲惫，导致工作效率降低。

某天，某个员工突然接到领导的任务，要求他在一周之内写出一个活动策划方案。由于工作经验不足，这个任务对他来说有点难度，但也不是无法完成。

第一天，他向单位里的前辈讨教经验，前辈们也细心为他进行了讲解，并提出了一些切实可行的建议。获得信息后，他信心满满地回到自己的工位，开始着手准备收集资料。这时，朋友突然发来一条信息，他不得不拿起手机回复，这一聊就是一个上午。

下午，收集信息时，他的手机又振动了起来，他自然而然地拿起来看了一眼。不是朋友发来的消息，而是一条关于今天中午看的电视剧的推送，他觉得很有趣，点进去看了一眼。看到最后，他发现文章底部的另一条推送也很有趣，于是又点开查看。等到他反应过来的时候，下班的时间已经到了。他深感不安，担心不能够顺利完成任务，于是决定加班，熬夜将资料准备好。

第二天，他由于睡眠不足，只能将前一天的生活再重复一遍。等到任务完成的那天，他感觉自己身心疲惫，做出来的策划方案也不甚令人满意。

虽然上述事件的主人公是他人，但是类似的事件，我们也在不断地重复着。我们的大脑既懒惰，又专一，虽然常常有人说自己可以一边看剧，一遍写作业，但事实上，我们的大脑和计算机处理器不同，并不能同时处理多个任务，只能够临时切换。而任务和任务之间的切换并非无缝衔接，我们需要额外花一些时间集中注意力，而这样就大大降低了我们的工作效率。

当大脑不断地摄入信息，就会导致信息超载，那些超出处理范围的信息并不会被大脑及时处理，大脑也就无法做出深思熟虑的选择和决策。此外，碎片信息通过活跃的反射脑源源不断地涌入，从而挤占了思考脑的空间。因此，我们在处理问题的时候，需要抓住关键信息，而不是将注意力浪费在没有任何价值的琐事上。

这时，我们不妨尝试一下，将任务进行分类，构建一个任务矩阵。

1. 紧急而重要。

这些事情对你来说十分重要，你需要表现得足够优秀，证明自己的实力。与此同时，你也没有过多的时间慢慢准备，因此接到这种类型的任务后，你需要马上着手进行处理。例如，重要项目的准备工作、有截止时间的项目、来自重要客户的投诉等。

2. 重要但不紧急。

这些事情对你来说很重要，但是截止日期距离你还很遥远，因此你不用着急开始。例如，考试、考核、重要会议或项目的陈述、目标计划、处理和客户之间的关系、战略发展、构想的建立与实施等。在接收到这部分任务时，要立即给它划定不受打扰的时间，因为这些任务如果不能妥善安排，马上就会变成紧急而重要的任务，那么工作质量就会大幅下降。

3. 紧急但不重要。

这一部分的任务对你的价值不大，类似于生活中的一些琐事，如大部分的会议、陌生人的邀约等。接收到这部分任务时，请直接拒绝、转给别人做，或者做完重要的事情以后再来处理。不过在挑选接手人时，这个任务最好对他而言是一个重要的挑战。

4. 既不重要又不紧急。

这一部分任务往往没有尽头，可以一直做，也可以放任不管，对我们来说几乎没有价值。例如，逛淘宝、刷朋友圈、看视频、网上冲浪、看邮箱内所有的未读电子邮件、清理桌面等。

可能性思考：让思维的“触角”无限延展

你有没有遇见过这样一群人，他们似乎没有什么烦恼，即便遇见不好的事情，也能很快缓和过来。他们如此幸运，生活中的快乐远远多于不快。但真的是因为他们足够幸运，才这样的吗？

在回答这个问题之前，不妨先思考一下这个问题。如果有人问你“1+1”等于多少，你会怎么回答呢？是直接告诉他等于 2 吗？“1+1=2”似乎是一个常识，除 2 外，没有其他答案。但是，不知道什么时候开始，“1+1”的结果变得多元化，有人说等于 3，因为一位父亲加一位母亲，然后他们生了个可爱的孩子；也有人说等于“田”字，因为“1”“+”“1”“=”一经组合，就是这个字；甚至有人说，等于无限。

当数学题仅仅是数学题的时候，它的答案是确定的，但是当它不仅仅是一道数学题的时候，结果就是无限的了。所以，你感觉自己的快乐没有别人多，也许并不是你不如别人幸运，而是你不懂得怎样使用可能性思考。

传说，在边塞住着一位十分精通马术的马夫。

有一天，他家的马突然挣脱缰绳，自己跑到游牧民族的地界上去了。周边的邻居知道他丢了一匹好马，十分惋惜，纷纷前来安慰他。

但是，他却十分镇定地说：“为什么就知道这不是一件好事呢？”

就这样，过了几个月，他家的马突然带着一匹没见过的骏马回来了。左邻右舍十分惊奇，连连称他家好福气，平白得了这么一匹好马。

可是他并非十分开心，叹息道：“怎么就知道这不是一件坏事呢？”

果不其然，他喜欢骑马的儿子在驯服骏马的过程中，摔断了大腿骨。

大家听闻了这件事情，纷纷前来安慰他。

谁知，他非但不伤心，还说：“谁知道这就不是一件好事呢？”

众人听后，大为不解。

一年后，游牧民族发起进攻，当时边塞手脚健全的青壮年男性都应征入伍。战场上，刀剑无眼，参战的人鲜有生还回来的，即便有幸回家，手脚也不再健全。而他的儿子，因为当时摔断了大腿骨，得以保全性命。

在寓言故事当中，马夫和周围的人看待事情的方式并不一样，他所采用的就是一种可能性思考。丢马，儿子摔伤，对周围的人来说并不是好事。当然，对马夫来说，也不是什么值得高兴的事。不过，他们之间唯一的区别在于，马夫能够从其他角度看待这些事情，并联想到其他可能。

当可能性思考成为一种习惯以后，糟糕的事情对于我们来说也不再那么难以接受。当然，我们更不需要忧虑自己是不是和别人一样幸福、快乐。毕竟任何事物，都不能以绝对好，绝对坏来评价。相反，它们可能介于好和坏之间，具有无限的可能。

那么，在日常生活当中，我们应当如何进行可能性思考呢？又或者说，在进行可能性思考的过程中，我们应当注意什么呢？

1. 尝试从新的角度去看待你现在所面临的问题。

在西方有一句名言，即“一千个读者就有一千个哈姆雷特”。哈姆雷特从来都没有发生改变，但是每个人看待他的方式和角度却是不一样的。换到思考领域，也就是说，事物的答案并不是唯一的，而是多元的。

2. 基于事件本身去进行思考。

在进行可能性思考的时候，不能够脱离事物本身，随意联想。比如，一个人踩到西瓜皮摔倒了，就不能和“他今天会中200万元的彩票”联系在一起。

3. 不要妄图用可能性思考来掩盖自己的过错和缺点。

一些人突然被炒以后，往往会揣测上司给他穿小鞋，或者遭同事排挤、关系户进公司……从而忽略自己经常上班迟到，工作也不努力的事实。

质疑性思考：跳出惯性思维的“魔圈”

在开始这一小节之前，请大家先思考一个问题：1000克的铁和1000克的棉花，谁更重？或者在生活当中，大家有没有听到过这样一类评价：北方人豪爽，南方人心思细腻；女司机开车技术比男司机差……在这些观念中，有的是根据经验，有的是根据权威，有的是根据舆论，但是不管根据的是什么，这样的思考方式都是片面的，是没有经过反复推敲之后的结果。就像在学习有关重量的知识以前，我们通常会认为蓬松的棉花更轻，但其实同等重量的铁和棉花是一样重的。事实上，北方人里也有心思细腻的人；女司机的开车技术也可以很好。

如果你对待事情仅仅依靠不自觉的反应，不假思索就做出回应，那么一定要当心，因为你可能已经错过了事情的另一面，掉进了惯性思维的陷阱当中。

古希腊哲学家亚里士多德曾经对自由落体现象做出过解释，他认为物体下落的快慢是由物体本身的重量决定的，物体越重，下落得越快；反之，下落得越慢。而这个观念也支配了人们几千年。

如果有人问那时候的人，重500克的杯子和重800克的杯子同时掉落，谁先碎。他们一定会回答你，重的那个先碎。

1589年，比萨大学青年数学讲师伽利略，同他的辩论对手一起登上了比萨斜塔。在众目睽睽之下，将一个重100磅和一个重1磅的铁球同时抛下，经观察，两个铁球几乎同时落地。

面对实验结果，在场观看的人个个目瞪口呆。

在伽利略出现以前，人们都相信亚里士多德的观点，理所应当地认为越重的东西降落速度越快。几千年来，没有人站出来质疑过亚里士多德，直到伽利略的出现。

不懂得质疑性思考的人，永远只是按照权威、经验、舆论办事，却永远不知道为什么应该这样做，能不能不这样做，自己这样做是不是对的。正如一句俗语所说的："不问的人永远和愚昧在一起。"

需要注意的是，采取质疑性思考，并不是说要将矛头指向你看过的每一本书、经历过的每一件事、遇到过的每一个人，采取攻击性行为对待自己所质疑的。盲目地质疑，只会让你陷入更加混乱的局面，纠结到不敢轻易踏出一步。

那么我们应该如何跳出惯性思维的"魔圈"，进行质疑性思考呢？

1. 在时间容许的情况下，暂时将反射脑得出的结论放在一边。

在应对问题的过程中，大脑的各个部分——思考脑、反射脑和存储脑都会被调动起来，其中反射脑会就问题做出更快的反应，并向我们传达行动指令。但是，这个指令并不是反射脑经过耐心考量后得出的结论，而是它根据以往的经验做出的判断，这个判断可能是对的，能够帮助我们顺利渡过难关，但也可能是错的，会对我们产生误导。

因此，时间允许的话，我们得将头脑中一瞬间出现的想法暂且放在一边，如果害怕自己会忘记的话，可以记在纸上或者手机上。

2. 寻找问题的核心。

当我们将脑海中的想法清空以后，就要找出我们此次需要解决的问题的核心，请注意，是你需要解决的问题。有时候，我们之所以会陷入惯性思维的怪圈，是因为我们将问题扩大化了。比如，一本书上的知识点有问题，那么我们应该将目光转向这个知识点，将我们有疑问的地方提出来，而不是将重点放在书本上的知识会不会出错上。如果问题的核心都没有找准，那么所谓的质疑也就是无的放矢。

3. 收集资料。

找到问题的核心以后，我们需要为我们的质疑提供证据。在这一步，我们最好查阅相关书籍、报道、官方网站等，而不是单单依据自己的回忆，或者一两个人的评价。

4. 决定是否相信最开始的想法。

我们要知道，并不是所有的问题都有必要进行质疑性思考。走路时，你没有必要质疑自己是先迈左脚，还是先迈右脚；吃饭的时候，你也没必要质疑自己拿筷子的方式是否合理；当你遇见糟糕的事情的时候，你也不需要质疑自己为什么会感到难过。过度的质疑性思考并不会使得我们的生活更加高效和便利，反而容易增加大脑的负担，让我们感到压抑，产生自我怀疑。

探索性思考：从未知开始，逐步接近真相

有一位作家说过："生活的全部意义在于无穷地探索尚未知道的东西，在于不断地增加更多的知识。"

电灯并不是在某个时间点上被发明出来的，而是经历了一个漫长的"发明史"。

19世纪初，英国化学家亨弗莱·戴维突发奇想，做了两个小实验，为白炽灯和弧光灯的发明奠定了理论基础。

1840年，英国科学家威廉·罗伯特·格罗夫将金属铂和两段铜线，制成了第一台具有使用价值的电灯。不过由于光线微弱，耗电量大，格罗夫的电灯并未获得普及。

但是，人们并没有放弃，转而寻找新的解决办法。

1841年，英国人德莫林斯改进了格罗夫的方案，获得了世界上第一个白炽灯的专利。但是，德莫林斯的方案也有一个致命的缺点，那就是在使用的过程中，炭粉会汽化，使得灯罩迅速变黑，需要不停地更换灯罩。

后来，美国著名发明家、企业家爱迪生也加入这场探索中。为了找出经济耐用的金属作为灯丝，爱迪生尝试了很多种金属，设计了无数种方案。最后，他发现选用金属钨作为灯丝，并将其做成螺旋状，能够最大限度地延长灯泡的寿命。

经过人们的不懈努力，电灯泡最终走入千家万户，成为人们夜晚必备的照明工具。

放眼整个电灯泡的发明史，我们可以发现，电灯的发明并不是一蹴而就的，需要几代人的心血。电灯的发明及普及是这样，单个发明家的思维过程也是这样。比如，戴维并不是一开始就知道电灯应该做成什么样子的，而是在实践的过程中，逐步摸索出电灯的最优结构。

探索性思考在生活当中并不少见，因为我们对事物的认知是有限的，都是从最开始的一无所知，通过探索，渐渐地了解事物，到最后接近真相。这就好比，最初的时候，人们并不知道地球是圆的，不知道黑洞深处究竟是什么，不知道为什么人类的身体会随着时间的流逝由衰弱走向强壮再走向衰败……这些问题中的一些我们已然知晓谜底，但还有一些需要我们用十年、二十年，甚至几百年去摸索，去了解背后的真相。

如果人缺乏这种耐性，指望一次性解决所有问题，迅速发现隐藏在假象之后的真相，那么人类就不会生活在今天的文明社会当中，而是活在焦虑当中。

我们不妨将探索性思考方式的培养方法，分为三个部分。

1. 培养自己的好奇心，不因为一无所知而不敢接近。看到新奇的东西，要勇于问是什么、为什么，走出探索的第一步，做到乐于探索。

2. 平时多阅读，多实践，增加知识储备，提高资料查阅能力。对事物的了解有时候并不是一步到位的，需要做好长期学习，长期探索的准备。

3. 在探索的过程中，学会质疑自己，问自己掌握的是否就是事物的真相。

总之，在进行探索性思考时，牢牢记住“三不原则”，就能提高探索性思考的能力。所谓“三不原则”，即不要惧怕一无所知，不要期望一步到位，不要奢求绝对真理。

我们在平时思考的时候，还可以准备一个小本子，在上面记录下自己的思考结果，定期回顾，还会有新发现。

脑力激荡，把自身能量集中到一点

在现实生活当中，在同一时间段里，你和问题之间的关系往往并不是一对一的，更多的时候是一对多的关系，即你需要在同一时间段里处理多件事情。你在执行任务的过程当中，可能意识到了这样一个情况，也可能没有意识到。但是，不管意识到还是没有意识到，这都不会影响我们的任务完成度。

张连今年刚上大学，进入大学校门之前，她就计划要努力学习，积极参加活动，成为一名优秀的人。于是，她积极地向钢琴社、动漫社等社团递交简历，参加面试。在校外，她还为自己报了一个主持人培训班，计划以后靠这个挣取生活费。

一番面试下来，张连顺利通过了五个部门的面试，经过深思熟虑，张连留下了两个院上的部门和一个校上的部门。

最开始的时候，张连忙着学习，忙着为几个部门里的工作奔走，忙着学习主持技巧，生活十分充实。虽然有些疲惫，但张连还是非常开心的。

可是一段时间后，张连渐渐感到疲惫，因为部门里的工作总是相互冲撞在一起，有时候还会在上课的时候接到部门排练的消息，主持课程也因为张连实在太忙而被渐渐遗忘。

一个学期过后，张连的专业课成绩只排在了班级的中下游水平，部门里的老成员也时常抱怨张连入社后不能好好完成任务，而主持人课程则直接荒废到过期。张连为此懊恼极了，却不知道问题出在哪里。

张连刚上大学的时候，希望自己能够充实地过完大学生活，成为一个优秀的人。为了达成目标，或者说解决这个问题，她想了很多方案，如上课认真听课，参加社团活动，报名各种课程，在执行的过程中，还想兼顾每一件事情。

但是，人的精力是有限的。精力就像是冬天里的一堆木材，这些木材可以用来盖房、做家具、当武器、造纸……木材十分有限，你不能用这些木材做完所有的事情，只能进行取舍。当然，选择也不是无目的的，要围绕当下需要解决的问题——寒冷。你需要用这些木头造一个可以躲避风雪的地方，用木头生火取暖，烤熟食物，而不是用这些木头做椅子、造纸。

因此，在我们想到解决问题的诸多方法以后，不需要急着做完每一件事，也不能随便选一件做，而是要围绕当下的需要或未来的目标进行选择。张连想成为一个优秀的人，那么她首先应当想清楚，自己是想在学习上变得更优秀，还是在工作上和技能上。如果她想成为一个学霸，她就应该将更多的精力放在学习上，认真听课，而不是为了参加部门活动，随意逃课。

我们将此逻辑进行分解，可以得到以下两个步骤。

1. 进行头脑风暴，想出解决方案。

数学题的答案是唯一的，但是一件事情的解决办法并不是唯一的。面对一个问题，可以先发散思维，将可能的解决办法写在纸上。比如，你想从 A 地去往 B 地，那么你既可以选择乘坐公交车，也可以选择走路、骑自行车、搭顺风车、开车，等等。

2. 根据人生准则、目标、客观条件或偏好，确定重点。

对于我们想出的解决办法，并不是每种都需要去尝试，也不是每种我们都能够做得到。就像一个十分口渴的人，可以去便利商店买矿泉水、可乐、牛奶、橙汁，因为他只是想解渴，所以只选择一种他喜欢的饮品即可。如果他没有带钱，没有带手机，也没有和朋友在一起，那么去商店买饮品并不是一个可行的办法。

或者说，如果他想减肥，那么碳酸饮料对他来说，并不能成为备选项。

在诸多的解决办法中，我们需要选择出一个可行的，能够有效解决问题的办法，并将大部分精力放在上面，而不是三心二意，浅尝辄止。

终极思考：通往领跑者的道路

你有没有想过，如果有一天，你的生命走到了尽头，那个时候，你会是一个怎样的人，人们如何评价你，又如何看待你？这是一个沉重的话题，但是有提出的必要，因为其中蕴含着一种独特的思维模式——终极思维。

有的人一生碌碌无为，躺在床上感慨社会不公；有的人说自己时运不济，总在做无用功，浪费生命。究其本质，都是不懂得终极思考。

在小夏20岁生日的时候，她的父亲送给其一块手表，并问她："以后，你想做什么？"

听到这个问题的小夏有些错愕，她以前想过自己要做很多事情，比如当一名理发师、教师、公务员、医生、演员，等等，但是当父亲真的问她以后要做什么的时候，她却不知道说什么了，她也不是不敢说，而是不知道自己以后到底要做什么。

"我不知道。"

父亲听到小夏的回答，摸了摸她的头，说："明天我想吃一顿你做的美味晚餐，你能告诉我，你想做什么吗？"

小夏想了想，说："西红柿鸡蛋汤、鱼香茄子和水煮肉片怎么样？"

"嗯，听起来不错，期待你的晚饭。"

第二天，小夏提前准备好了食材，并特地去看了相关的食谱，为晚餐做准备。虽然中途出了一点小意外，但是一切顺利。

父亲对小夏做的晚餐十分满意。

和抽象的未来相比，第二天的晚餐吃什么是能够被把握和理解的。当我们知道需要做什么菜以后，也就知道需要准备什么食材，做哪些工作，才能更好地做出这些菜。我们不需要再花太多的时间纠结自己到底应该买什么菜，看哪种类型的菜谱，只需要将精力花费在如何更好地解决当前的困境上。

同样地，现实生活中，有一些人会被赞扬很有规划，不管是做一件事，还是对自己的人生，都能做到井井有条，这些人采用的就是终极思维。终极思维，究其本质，是一种从结果出发，以结果为导向的思维，即在做一件事情之前，先要认准方向。比如，你想要打网球锻炼身体，那么你只需要在特定的时间点去相应的地点就可以了，不需要再纠结是去羽毛球场，还是篮球场。

终极思维能够帮助我们从全局的角度把控事情，引导我们顺利向前推进。不过，在进行终极思维的时候，还需要注意以下几个方面。

1. 不求细节，只求大概方向。

终极思维和建造建筑时的思维相类似，它需要从全局去把控事物，明确每部分的功能，最后需要达到的效果，但是它不需要考虑里面用什么材质的地砖，选用什么颜色的吊灯，需要多大的镜子。

我们只需要考虑整栋建筑的最终效果是怎样的，在不同的阶段，又需要达到什么样的效果。比如，某个从未接触过绘画的人希望自己能够成为一名杰出的插画师，为此，他希望自己在 3 年后能够熟练掌握插画技巧，5 年后能够依靠画插画养活自己，20 年后在行业内拥有一定的名望。

2. 善于事先在头脑中进行演练。

在头脑中形成大体思路以后，我们还需要像建筑师一样绘制草图，只不过我们的草图画在脑海里。比如，一个想要养成储蓄习惯的人，他可以在大脑中构想，3年后他能够存到多少钱，靠着这笔钱，他可以去哪里旅游，或者给自己购置一件梦寐以求的礼物。这些想象能够有效激励执行者继续前进。

3. 在实践的过程中，逐步调整。

终极思维的结果并不是绝对的，在实践过程中，我们还可以根据事情的进展做出相应的调整。比如，经过一段时间的尝试，你发现自己在晚上的时候，思维更加敏捷，这时候就可以不再逼迫自己晚上10点之前必须入睡。

分段思考，轻松获得成功

上小学的时候，我们经常会碰到以下这种类型的题目。某共享单车的计费标准是这样的：通行前30分钟共计费2元，以后每10分钟计费1元（不足10分钟按10分钟计费）。小明从家到学校，需要骑行一个小时十分钟，小明应付车费多少钱？

当然，题目对于你来说或许并不难，不过你知道在解决这个问题时，你所运用到的思维方式吗？老师在向学生讲解题目的时候，常常称这类题目为分段问题，而解决这类问题所用到的思维方式，也就是分段思维方式。即不能够一次性解决问题的时候，我们需要将问题分成若干部分，然后再着手逐个解决。换用到生活上，也是如此。

小智想要考公务员，于是他给自己制订了一个备考计划，将每一本需要看的书都列在计划表上，并要求自己在一个月之内全部完成。

但是每次小智坐在书桌旁，书还没有看两页，就开始忍不住想要站起来找水喝。喝完水坐下后，又开始看着书发呆，他强迫自己认真地看书上的每一个字，但是看了一两行以后，他又不知道自己在想什么了。等他回过神来，都不知道自己翻到哪页了，更别提有没有记住前面的内容了。

没有状态地过了两天以后，小智更不想看书了，干脆躺在床上玩手机。

小鹏和小智一样，想要考公务员，并为自己制订了一个计划表。不过，小鹏的计划表比小智更详细一点。

小鹏要求自己每天看 50 页书并做一套习题，在这一天的任务中，小鹏又将 50 页书的任务划分成 10 个部分，只要他看完 5 页书，小鹏就奖励自己休息 10 分钟。就这样，小鹏一天的任务很快就完成了。

大脑不仅特别容易受到眼前利益的诱惑，还特别喜欢逃避遥远的目标。

例如，“挣到 100 万元”“今年看 30 本书”“成为公司里的优秀员工”“考上公务员”等，这些大而空洞的目标，对大脑来说，就像一篇篇艰涩难懂的文章，让大脑唯恐避之而不及，更别提在上面花心思了。

小智犯的毛病，就是直接将一个无法在短时间内兑现的目标丢给大脑去处理。因为无法在短时间内获得反馈，大脑慢慢地就会开始消极怠工。

而小鹏则对问题进行了分段，就像阅读一篇复杂的文章一样，我们没有办法立刻掌握全文的意思，但是可以对文章进行分段理解，减少短时间内大脑的工作量。此外，完成一个小任务后，我们在心理上也会获得一种成就感，惊叹自己为什么如此厉害，从而提升大脑完成工作的积极性。

因此，当我们无法一次性解决一个问题或达到一个目标时，不妨运用分段思维，将它们分成若干个容易达成的小目标，这样不仅有利于我们完成目标，还能让我们获得成就感和满足感。

不过，在进行分段思维的过程中，我们还需要注意以下两点。

1. 任务段和任务段之间需要相互承接。

在对问题进行分段处理的过程中，任务段和任务段之间的难度跨度尽量不要太大，并且两者之间相互承接，共同服务于总目标。例如，我想一个月看完一本书，那么我可以规定自己一天需要看多少页，甚至上午看多少页，下午看多少页。

2. 在对任务段进行处理的过程中应当随机应变。

当你已经适应了难度较低的任务段后，可以适当提高任务段的完成难度。

CHAPTER 04

第四章

调节情绪，用习惯提升你的“情商”

分辨情绪，从体察身体变化来觉察微小情绪

从清晨醒来到傍晚入睡，我们会经历各种各样的事情，或许你获得了梦寐以求的限量版手办，或许你得到了上司的嘉奖，或许你被人误会，或许你取得一个好成绩，或许你走路的时候不小心摔了一跤……在经历这些事情的过程中，我们并不只是单纯地接受，还会产生一种体验——情绪。

英国生物学家查尔斯·达尔文曾在其著作《人类和动物的表情》中表示，人类天生就能够感知情绪，并且通过自己的身体将情绪表达出来。换言之，人可以通过肢体动作、面部肌肉变化、身体内部变化传达自己的感受，告诉别人，他是快乐的还是愤怒的。

2012年12月14日，美国康涅狄格州发生了一起校园枪击事件。歹徒持枪闯入了当地的一所小学，并开枪打死了26人，其中包括20名儿童。

在年度演讲会上，康涅狄格州州长丹尼尔·马罗伊站得笔直，紧皱着眉头，声音低沉地说："我无法想象在康涅狄格州任何一个美丽的小镇或城市发生这样的惨案。"他停顿了一会儿，深吸一口气，接着说："这是康涅狄格州有史以来最黑暗的日子。"

马罗伊环视一圈，有的人低声地啜泣起来，有的人高声地叫喊着，有的人木然地站在原地。

“但是，在这场灾难中，还有无数的英雄！”马罗伊州长松开了紧皱的眉头，嘴角略微向下撇，声音变轻了许多，还带着些许哽咽，“他们站了出来，牺牲了自己年轻的生命，挽回了无数幼小的孩童，不管他们的职业如何，他们都是康涅狄格州的英雄！”

台下的听众不禁红了眼眶，纷纷落下了眼泪。

在演讲的过程中，马罗伊州长通过自己的神情和肢体动作，表现了不同的情绪。听众也通过马罗伊州长的神情和肢体变化，感受到了他的悲伤和愤怒，并做出了类似的反应。

除了悲伤和愤怒，人们还可以通过身体变化，感受到恐惧、厌恶、惊讶、快乐等基本情绪。当然，不同的情绪也会引起不同的身体反应。例如，悲痛时，我们通常会眉头紧锁，双肩下垂，泪流满面，身体内部也会发生相应变化，如心跳加快、呼吸加速、汗腺分泌活跃、血管收缩等。愤怒时，我们的血压通常会升高，眉头紧皱、大喊大叫、愤怒异常。恐惧时，我们通常会心跳加速，浑身僵硬，瑟瑟发抖。惊讶时，我们会微蹙眉头，瞳孔微缩，张开嘴巴，身体的动作相对较少，主要集中在面部表情上。快乐时，我们的眉尾上挑，嘴角上扬，眼中洋溢着喜悦，身体动作幅度变大。

通过他人的肢体动作，掌握他人当下的情绪，能够帮助我们选择合适的相处模式。例如，你的朋友因为爱犬的离世十分伤心，而你却不顾他的情绪，手舞足蹈地和他交谈，你朋友失落的情绪会得到缓解吗？

又或者，如果我们不能够判断自己当下的情绪状态，那么我们在应对问题的时候，可能无法做出正确的决策。试想，你能够相信一个都不知道自己处在愤怒状态的人说的话吗？一个不知道自己在伤心的人如何调节自己的状态呢？

不过，在这个过程中我们还需要注意，通过身体变化，识别情绪或表现情绪的方法并不是绝对的。我们还应当考虑主人公所处的情境。

情境不同，我们对肢体变化的解释会发生相应变化。举个例子，当知道一位母亲的孩子通过自己的努力，获得了世界冠军的奖杯时，她瞬间皱起眉头，嘴角略微下沉，泪水从双眼中涌出。那么，她是悲伤的吗？显然不是。

那么，我们该如何通过身体变化，分辨情绪呢？

1. 阅读相关书籍，了解和情绪相关的知识。

目前，市面上有许多和情绪相关的书籍，我们可以从中选择一些进行阅读，提前了解人在不同情绪下的反应，为后期分辨情绪打下基础。不过，书本上记录的往往是普遍反应，有时候会忽略个体情绪反应的特殊性。因此，在学习的时候，切勿照抄照搬。

2. 通过回忆，观察情绪产生后，自己的身体变化。

学习了理论以后，我们还需要通过实践，将学习到的情绪知识内化为自己的东西。为此，我们不妨从自己开始，回想在产生情绪的时候，你的反应是怎样的。

3. 结合情境，去仔细地分辨情绪。

在分辨情绪的时候，并不是只需要依靠肢体动作，还需要结合当时的情境，因为流泪并不一定是因为悲伤，大笑也不一定是因为欢欣。

定期回顾情绪，提升自己的“情绪粒度”

当别人问你感觉怎么样的时候，你会怎样回答他？是直接说一句还不错，还是说最近过的不是很顺利？或者，不管你每天经历了什么，是快乐还是悲伤，你会用日记本回顾自己当时的情绪吗？

心理学家做过一个实验，他要求被试连续 3 天，每天用 15 分钟将自己在生活中遇到的难忘的事情，记录在一个本子上，可以是看电影，听音乐，和朋友一起出去聚餐，和恋人相处的点滴，等等。

与此同时，心理学家还要求被试在记录的过程中，去回忆自己当时的感受，并将其记录下来。三天之后，心理学家发现被试的焦虑程度明显降低。

在现实生活中，我们每时每刻都会经历各种各样的好事或坏事，它们会让我们产生情绪波动，但我们大多数时候不会去关注自己产生了怎样的情绪，而是将更多的注意力投放在如何回应自己大脑所产生的情绪上。

好比升职加薪时，你会想出去美餐一顿；取得不理想的成绩时，你会想如何改变这种现状，或者躲避父母的愤怒；一位朋友请你泡温泉时，你会想如何让朋友开心，回报朋友的一片好意……即便事后，我们回想起来，多数时候，也只是觉得舒适或不舒适，没有办法分辨出陌生的情绪。

但是，每种情绪都是不一样的，都有各自的名字和属性，如开心、愤怒、伤心、焦虑、嫉妒，等等。人对不同情绪的感知能力被称为“情绪粒度”。情绪粒度高的人，就好比一名出色的动物学家能够通过脚印识别动物，并且还能通过脚印的深浅、大小，获取动物的体型、年龄、姿势等信息。而对于普通人来说，脚印只能说明这里有生物出没过。

高情绪粒度的人能够用词语准确地表述自己当下的情绪，他们能够判断自己是快乐的、愤怒的、焦虑的还是自满的。在了解自己或他人产生的是怎样的情绪后，他们能够采取相应的措施应对情绪。

低情绪粒度的人不能准确地区分情绪，不能做出恰当的反应。当他们不能够提供足够的信息量，让自己与社会产生联系时，社会自然也就不能给予他们反馈。脱离社会的他们渐渐地就可能患上各种心理问题。

不管是高情绪粒度的人，还是低情绪粒度的人，他们获得情绪的途径都是日常生活。但是，我们每天需要记忆很多事情，如果我们不去定期回顾自己的情绪，慢慢地，我们对情绪的认识就会产生扭曲或被遗忘。

回顾能够帮助我们重新体验之前体验的情感，进而加深对该情绪的认识和记忆，经过一段时间的积累，我们就能逐渐识别出更多的情绪，能够自觉地调整自己的情绪。

那么，我们应该怎样回顾自己的情绪，提高情绪粒度呢？

1. 回忆事件的脉络，搞清楚时间、地点、人物。

虽然我们想要通过回顾，总结情绪，但情绪并不是一个空洞的概念，需要放在一定的时空环境下加以理解。

2. 避免用过于宽泛的词语形容自己当时的感受，如“不开心”“糟糕”“还不错”“很好”等。

我们应当将情绪具体化，如果是不开心，那么你要想清楚这是哪一种不开心，是“舍不得”，还是“愤慨”，又或者是“惭愧”。

3. 记录下来。

总结过后，我们还需要将它们集中记录在一个地方，方便自己后期回顾。

生动想象法：想象全新的情绪

和外在的行为活动一样，我们也会生成习惯性情绪。如果某个场景或人反复激起我们的同一种情绪，那么，我们就会形成情绪惯性。例如，当你听到朋友问你是否看到他的东西时，你想到自己曾经被其他人误会过偷拿东西，那么，你很可能都没有细想自己是否真的没有见过，就会立刻反驳，并表现出一定的不满。

同类的情况多次出现后，你的大脑就会将“问东西在哪里”和“不满”联系在一起，帮助你自动做出情绪反应。

在这些习惯性情绪当中，有些能够帮助我们获得更加幸福的生活，有些却让我们感觉很糟糕，那么我们该如何转变这些消极的习惯性情绪呢？

人们可以通过想象不存在的事物、还未发生的事情，为自己提供无限的前进动力。同时，人们还可以通过想象，改变自己的情绪。

有一年夏天，曹操率兵讨伐张绣，行军至一片山林。那年夏天出奇得热，岩石被晒得滚烫，从地面升起的热气在眼前翻滚，耳边没有一点风吹过，只有躁动的蝉鸣，一阵接着一阵传来。

到了正午，士兵们的衣服都被汗水打湿了，身体孱弱的人早就晕倒在路边，剩下的人拖着沉重的步伐向前走去，行军的速度越来越慢。曹操看着眼下的情况，十分焦灼，担心延误战机，但是他也没有办法立刻获得充足的水源，满足士兵们的需要，解决燃眉之急。

就在这时，曹操看到前方的树林，心生一计。他扬着马鞭，迅速跑到队伍的前面，指着前方的树林，对士兵们喊道：“将士们，前方有一片梅林，里面的梅子又大，又红，又甜，我们加快步伐，绕过这个山丘，就可以吃到酸甜可口的梅子了！”

士兵们听到曹操的描述，顿时觉得口腔内部变得湿润起来，还有一阵酥麻感，就像嘴里已经放进了一颗汁水饱满、酸酸甜甜的梅子。想到这里，士兵们精神大振，不由得加快步伐。

曹操用到的其实就是生动想象法，他通过让士兵想象自己坐在树下品尝梅子的情境，唤起了他们喝到水后的喜悦。原本因为烈日和疲惫而感到焦虑愤怒的士兵，因为头脑中闪现的梅子的味道，控制不住自己，口里生津，缓解了因炎热口渴而产生的不安情绪，自愿加快步伐。试想，如果曹操当时不这么说，而是不断催促士兵提高行进速度，还能起到这样的效果吗？

生动想象法不仅可以缓解短期的消极情绪，也可以帮助我们纠正习惯性的负面情绪。比如，每当孩子向你诉说某件事情的时候，你总是立刻愤怒地指责孩子。这一类家长可以在大脑中模拟，告诉自己如果孩子再来倾诉，自己可以将眉头舒展开来，蹲下身，抱抱孩子，轻声问他们到底发生了什么事情。当然，只想象一次很难奏效，需要反复实验改进。

那么，如何利用生动想象法，塑造全新的情绪呢？

1. 了解新情绪的肢体反应。

想象是建立在经验的基础上的，一个人如果没有体验过一件事情，或者不了解相关情况，那么很难将自己代入那个场景当中。因此，在想象新情绪之前，我们需要了解新情绪的基本情况，如面部表情、肢体动作、语言表达、触发条件等。

2. 在头脑中创造新情绪产生的条件。

想象情绪并不是一件非常宽泛的事情，要结合具体的情境，如想要触发欣喜的情绪，那么我们应该在心里想象让自己欣喜的事情。

3. 多次重复，循序渐进。

这种办法往往不是一次奏效的，需要多次、反复地训练，遵循循序渐进的原则。比如，面对糟糕的事情时，急躁的你想要培养平和的情绪反应。那么你可以在大脑中想象当一件糟糕的小事出现时，你应该做出平和的反应。之后，逐渐增加难度，直到自己养成习惯。

寻找刺激和情绪的连接习惯

在人们的普遍观念中，当某个人出现或某件事情发生以后，我们会变得亢奋或愤怒，那么我们很可能将这种情绪产生的原因，直接归结到那个人或那件事情上。但是事情真的如此简单吗？

美国心理学家埃利斯提出了一个著名的心理学理论——情绪 ABC 理论，其中“A”是指“activating event”，即刺激性事件。“B”是指“belief”，可以看作对刺激性事件的理解方式、思考方式。“C”是指“consequences”，指结果，即由此产生的情绪。埃利斯认为，在刺激性事件和人的情绪之间存在着一种稳定的介质——对刺激性事件的理解方式，连接着两者。

换言之，我们之所以能够产生某种情绪，关键在于我们如何看待刺激源。如果你讨厌吃芥末，那么在看到涂满芥末的食物时，你会感到厌恶；如果你认为进步比单纯的名次更加重要，那么即便考倒数第十名，你也可能感到欣喜。对刺激源的理解方式并不是一朝一夕就能形成的，它根植于我们的思想观念里，是一种思维习惯。

肖华是个腼腆的学生，初中时参加了学校的一场演讲比赛，但是由于他当时太紧张了，说话的声音都在颤抖。提前准备好的演讲稿也突然从脑海中消失，只有零星的字句会从头脑中一闪而过。他低着头，磕磕绊绊地背着自己的演讲稿，声音都在颤抖的他一点儿也不敢看台下的观众。

说了不到两分钟，他突然听到台下传来一阵笑声。肖华猛地一惊，还没有反应过来自己到底说错了什么，他抬头时只看到台下的观众哄笑起来。看到这样的局面，肖华一刻也不想多留，只能草草地结束演讲。这次失利，让肖华有些排斥演讲比赛，他担心台下的观众会用异样的眼光看着他，嘲笑他。

渐渐地，肖华开始排斥人多的场合。工作后，每次参加完公司的聚会，他都感到格外疲惫；走在路上也总是低着头假装玩手机，不敢看周围的人。这样的生活让肖华感到疲倦，但是他又不知道该怎么改变这样的局面。

在肖华的潜意识当中，他讨厌人多的地方是因为人们会用异样的眼光看待他，导致他情绪低落。但是他显然忽略了这一切都是他想象出来的，是他认为人们会嘲笑他，所以他感到焦虑和紧张。

走在街上，突然认为别人在嘲笑他的肖华，会沉浸在演讲失败产生的失落感里，进而忽视了他这一想法所存在的问题。之后当他出现在人多的场合的时候，肖华再次按照之前的思维方式进行思考，调动起负面情绪，久而久之，就形成了思维习惯和情绪习惯，“人多的场合”——“害怕、厌烦”。

不同的人对待同一件事情所产生的情绪并不相同，主要是因为他们的理解方式和思考方式不同。比如，非常看重钱财的人，即便丢了一块钱都会感到心里难受，而对钱财不那么看中的人就不会产生情绪波动。

因此，在消除负面情绪之前，我们不妨从以下三个方面入手，搞清楚为什么自己会产生负面情绪。

1. 判断自己产生了一种怎样的情绪。

在寻找情绪和刺激之间的联系方式的时候，不要急着去思考它是什么，你可以先冷静下来判断自己刚刚产生了怎样的情绪，这个情绪是积极的还是消极的?

2. 反推，思考刺激源。

在了解了自己产生的情绪是积极的还是消极的之后，就可以开始反推。通常，积极情绪由正面事件激发，消极情绪由负面事件引起。比如，你今天得到了一块美味的蛋糕，你很开心，在这里“开心”是情绪，而这种情绪是由“得到一块美味的蛋糕”激发的。

3. 思考自己为什么会产生这种情绪。

在确认刺激和情绪以后，我们可以开始思考，为什么这种刺激会让我们产生这种情绪。还是以蛋糕事件为例，为什么得到一块蛋糕可以让我们感到喜悦呢？是因为蛋糕很好吃，是因为蛋糕是免费的，还是因为送蛋糕的人表达出的友好？这几种原因都有，但最主要的还是源于一种更深层次的感觉——“我很幸运”。幸运地得到了别人的善意，幸运地拿到了一块美味的蛋糕。意外的好事让我们觉得自己很幸运，而这种幸运让我们有一种被眷顾的感觉，所以我们很开心。

连接刺激和情绪的桥梁，是人们的思考方式。当你面对无法规避的负面情绪时，不妨找找情绪与刺激之间的联系习惯，尝试从根源入手，改变思维习惯。

规避技巧：改变诱发情绪的情境

发现刺激和情绪之间的连接习惯后，我们就能够顺利克服消极的习惯性情绪吗？心理学家巴甫洛夫做过一个有趣的实验，他每次给狗食物之前，都会先打开红灯，或者拉开警铃。这样过了一段时间后，即便狗没有闻到食物的香味，只要它看到红灯或听到警铃声就会开始流口水，摇尾巴。

思考方式的转变很难，小狗不能够立刻由对红灯有反应转变成对绿灯有反应。同样地，我们也不能够在短期内养成新的情绪习惯，帮助我们摆脱刺激源的影响。那么，这个时候我们应该怎么办呢？规避刺激源。

小 A 是一名朝九晚五的上班族，他的工作通常可以在上班期间完成。因此，下班后无所事事的小A回到家里以后，就开始感到无聊。

独居的小A躺在床上，既不想睡觉，也不想翻看社交软件，只感到一阵焦虑和空虚。无法抑制这种情绪的小A只能起床，坐在椅子上，一边吃东西，一边心不在焉地看剧，有时一个晚上就能吃完好几天的零食。

小A也知道这样不好，但是每次一回到家，当一个人躺在床上的时候，他就没有办法克制自己心中的焦虑。焦虑一旦产生，即便家里没有零食，他也会忍不住打开外卖软件，点一份外卖，或者花上三四个小时在网上挑零食。

没有办法的小A不敢在下班后直接回家，他开始主动和老板申请加班，有时候也会和朋友一起出去聚一聚，直到累得想睡觉了才回家。

小A的生活充实以后，他没有时间躺在床上焦虑，往往是一躺枕头上就能入睡。慢慢地，偶尔一个人待在家里，小A也不再那么容易焦虑了。

最初的时候，空荡荡的房间充当了小A焦虑情绪的刺激源，只要一个人待在家里，他就会感到焦虑，无所适从。在这种情况下，如果小A依然每天一个人待在家里，他的头脑中就会形成一个稳定的联系，即回家就会产生焦虑。慢慢地，小A对家产生了负面印象。因此，小A这时候最好的选择就是尽量避免一个人待在房间里。

当刺激和情绪之间产生联系的机会减少以后，两者之间形成的情绪习惯也会逐渐淡化，后面即便再看到刺激源，所产生的情绪也不会像最开始时那么强烈。因此，如果无法控制情绪，那么规避刺激源就是培养新的情绪习惯的好办法。

在运用规避技巧的时候，我们还要注意以下几点。

1. 回顾总结刺激源。

有时候，分析一件事情并不一定能够帮助人们顺利找到刺激源，人们需要回顾之前类似的经历，进行综合分析，总结刺激源。

2. 规避而不是逃避。

规避刺激源是因为人们修正思维习惯需要一定的时间，不能够立即转变看待刺激源的方式。但是，这只是暂时的，我们不能够永远回避刺激源，不去面对，不去改变。

3. 选择恰当的方式进行规避。

在选择规避刺激的方式的时候，人们还需要避免采取伤害自己或他人的方式。比如，肥胖让你十分煎熬，你也无法在短期内改变自己认为肥胖是丑陋的观念，你可以选择少照镜子，跑步，去健身房，少喝碳酸饮料，把自己打扮得漂亮或帅气一点，让自己瘦一点，变得开心自信起来。

刺激控制：将负面刺激降到最低

在上一节当中，我们了解到，在无法立刻改变自己的思考方式和情绪的情况下，可以通过规避刺激源，削弱刺激和情绪之间的联系。但是，在现实生活中，我们会碰到各种各样的问题，它们会唤起我们的消极情绪，可我们又无法规避它们。

失眠的人躺在床上会陷入焦虑和烦闷，但是他们又没有办法不躺在床上睡觉；经常和父母闹脾气的人，只要和父母说话，声音就会不自觉地拔高或变得沉闷；恐惧和陌生人接触的人，又不能不出门办事。如果只是一味地规避这些事情，只会让我们的生活变得一团糟。这时候，应当有效地控制刺激，将负面刺激降到最低。

小明是一个很容易因为工作任务重而感到烦躁的人，每当他看到长长的待办事项，或者桌面上堆放着很多文件等他处理的时候，他就想发脾气。当他在工作中感到焦躁的时候，如果找不到相关资料就会更加气愤。没工作一会儿，就想拿出手机放松一下。

为了保住工作，小明对自己的习惯做出了调整。

他每天依然坚持写任务清单，但是他会拿出几张纸，将任务分散开来，写在不同的纸上。工作刚开始的时候，他会将记有当前最重要、最紧急的任务的纸拿出来，其他的则放在抽屉里，或者自己看不到的地方。等他处理完这一张纸上的任务后，再处理下一张。

工作之前，小明提前将可能会用到的资料分门别类放好，然后将它们放在不显眼的地方，尽量保证自己眼前的空间干净整洁。在工作的过程中，小明会给自己设置一段休闲时间，不过他不会用来玩手机，而是起来四处走动一圈，泡一杯咖啡，或者听一会儿音乐。

经过调整后，小明在工作的过程中碰到烦心的事依然会感到烦躁，但是他很快就能找到解决办法，深吸一口气以后，他会慢慢地恢复平静，继续工作。

工作在小明的脑海里基本和焦躁画上了等号，对他来说，工作没有丝毫乐趣可言，是一种煎熬。任务过多会让他感到烦躁，资料难找会让他感到气愤，没有时间享受生活会让他感到难受。

但是小明不得不工作。为了降低自己在工作过程中的不适感，他将任务写在几张纸上，而一张纸上的任务对小明来说，完全是可以接受的。这在视觉上，大大削弱了任务繁重给小明带来的压力。

提前准备资料，增强工作过程中的流畅度，能够有效降低小明因找不到资料而大发雷霆的可能性，这样既节约了时间，也能保证心情舒畅，避免由于在找资料的过程中耗费太多精力，而导致他想放下工作，去打把游戏。

一些刺激，虽然不可避免，但是我们可以采取相应的措施，控制刺激，削弱它对我们的影响。关于如何进行刺激控制，可以采取以下方法。

1. 找到诱发负面情绪的相关因素。

情绪并不是由身体自觉唤起的，而是受到外界因素的刺激，正面情绪如此，负面情绪也是如此。比如，一杯甘甜的果汁能够让人感到愉悦，适当的运动会让人感到兴奋，响个不停的噪声会让人感到烦躁，阵阵的嘶喊会让人感到不安。想要削弱负面情绪的影响，就需要判断并找到相应的刺激源。

2. 采取办法，减弱这些刺激对我们的影响。

人们既可以通过减少刺激物在眼前出现的频率，也可以改变刺激物的形式，减弱刺激源对我们产生的影响。比如，工作的时候，杂乱的桌面会让我们感到烦躁，那么我们就在工作之前，将桌面收拾干净；躺在床上的时候会让你感到不安，那么就可以买一张长一点的沙发，睡在沙发上。

3. 纠正思维习惯。

不管如何避免，一些事情始终是我们无法控制的，比如突然传来的尖锐的声音、声音突然提高的领导。面对这些事情，我们需要做的是从根本上改变自己的思维习惯，让自己不再抵触这些事情。

整顿象征心情的周遭事物

美国心理学家罗斯曾召集 80 名在校大学生，问他们是否愿意背着一块大牌子在校园里走动。其中 48 名大学生表示愿意，并认为大多数人都会愿意背着牌子在学校里走动，而拒绝背牌子的人则认为很少有人会干这样的事情。罗斯想通过这个实验向人们证明，人们偏向于将自己的想法投射到其他人身上，认为他们会和自己做出类似的反应。

这一点同样适用于情绪，人们会无意识地将自己的情绪投射到周遭事物当中。

一个女孩收到男友送的手链，而这条手链和其他手链一样，本身没有什么特别之处。但是女孩每次看到手链的时候，都会产生一种喜悦之情，嘴角也会不自觉地上扬。女孩每天都把手链戴在手腕上，只有洗澡的时候才会拿下来。

有一天，男友突然和她提出了分手，女孩极力想要挽回，却也没有用。分手后，女孩摘掉了她之前每天戴着的手链。看到手链时，女孩脸上也不再有笑容，取而代之的是悲伤和愤怒。她生气地将男孩送给她的所有东西都扔了出去。

男孩送给女孩的东西本来没有什么特别的，但是当女孩把对男友的爱和因此而产生的喜悦投射到这些物品上时，这些东西就具有了特别的意义，即便过去了很长一段时间，这些物品依然能唤起人的某种情绪。

此外，当带有某种情绪的人去观察事物的时候，也会把自己的情绪投射到自己看到的人和事物身上。比如，当人感到喜悦的时候，即便看到自己平时不喜欢的人，也会觉得对方今天分外可爱；当人感到愤怒的时候，会想将自己看到的东西摔碎。因此，要想获得好心情，还要学会如何整顿周遭的事物。

1. 远离那些容易让自己产生负面情绪的事物。

对于那些会激起自己负面情绪的事物，应当加以远离。可以将它们放入自己不怎么去的隔间，并且锁起来；可以将它们彻底清理出自己的家；也可以放在朋友或亲人那里代为保管一段时间。当这些事物远离我们的时候，我们也不容易回忆起令自己感到伤心的事情，所以“眼不见为净”也是有一定道理的。

2. 在身边多设置一些让自己心情愉悦的物品。

在管理自己的生存空间的时候，可以将容易唤起正面情绪的物品摆在明显的位置，让自己保持心情愉悦。比如，一个人喜欢绿植，看到绿色的植物就会感到心情舒畅，那么他就可以在办公桌上、自己家的阳台里、门边，放置一些绿植。

3. 进行其他活动，让自己冷静下来。

当我们因为负面情绪想要去迁怒周遭的事物的时候，可以尝试先冷静下来，将杂乱的东西收回原处，整理房间。当然，你也可以做其他事情。在执行任务的过程中，人也会慢慢冷静下来，然后再开始思考那件让自己产生负面情绪的事情。

正向言语和表情都能创造快乐的情绪氛围

俗话说：“良言一句三冬暖，恶语伤人六月寒。”积极正向的语言和表情就像春天的第一阵暖风，能够温暖人心，让人感到愉悦；而消极负面的言语和表情则像寒冬时节屋檐外的冰凌，尖锐透亮，让人感到心寒且悲凉。

在电影《国王的演讲》当中，英国约克郡公爵因为口吃，常常在大型仪式上丢尽颜面，没有办法发表公开演讲。即使他的哥哥无端质疑他的努力，他也说不出一句反驳的话。

约克郡公爵的父亲为此十分生气，他常常把公爵叫到身边，让他在自己面前大声地朗诵演讲稿。可父亲愤怒的面容让公爵更加紧张，他声音颤抖，几乎说不出话来。

约克郡公爵的妻子为了帮助自己的丈夫，四处寻医，但是传统的诊疗方法对约克郡公爵都不奏效。最后，她找到了语言治疗师罗格。

不过，公爵十分抗拒接受治疗，面对沉默的公爵，罗格起身拿来一副耳机，让约克郡公爵戴上耳机念莎士比亚著作上的一段话，并将录音磁盘交给了公爵。但公爵只是不耐烦地接过磁盘，愤然离去。

回到家后的约克郡公爵播放了磁盘，却惊奇地发现他在朗读那个片段的时候十分流利，连他的妻子都不敢相信那是他读的。约克郡公爵再次找到了罗格，保证配合罗格的治疗。

罗格是一位温柔且富有热情、孩子气的人，公爵想表达自己的时候，他就微笑着认真倾听，公爵听到自己结巴的声音，说不出话来的时候，他就让公爵唱出来。

人的情绪会受到语言和表情的影响。正如愤怒的面容、严厉的批评并没有纠正公爵的口吃；相反，还让他更加紧张。然而，罗格平和的语气和生动的面容，反而使约克郡公爵感到了轻松和愉悦。

这就好比你获得了一个意想不到的职位，却在心底一直对自己说："别得意，这只是运气好，如果你没有做好怎么办。"你觉得你的心情会是什么样的？你依然会感到快乐，但是肯定没有刚听到这个消息的时候快乐，而且这份快乐当中还掺杂着一点担忧。

那么，我们具体应该怎么做呢？

1. 用积极正面的词语替换消极负面的词语，练习正向表达。

受到负面情绪习惯影响的人，在面对事情的时候，通常习惯说"希望明天不要太倒霉""完蛋了""这次肯定无望了"等，其中"倒霉""完蛋""无望"这些词语被大脑检测到以后，很容易唤起恐慌不安的情绪，影响人的精神状态。

因此，即便在自己都感到不是很有希望的时候，也要尽量避免使用消极词汇，学会进行正向表达，避免引起大脑不必要的恐慌。比如，你可以把"希望明天不要太倒霉”换成“希望明天顺利一点”。正面表达的方式并不是固定的，可以根据自己的需要进行更换。

2. 当你控制不住的时候，用一个暗号及时制止自己。

如果你已经尽力用正向词汇替换负面词汇，可有时候还是克制不住自己使用负面表达的冲动，你可以试着用一个词语，或者一个动作制止自己。比如，在某人面试的时候，因为自己的失误而导致面试的情况并不是很理想，他在心中不停地说自己“没用”“无能”“活该”“一定会失败”，没有办法用正面词语替换负面词语的时候，可以在心中大喊“够了”，或者微笑着仰头，深呼吸一次，慢慢地等自己冷静下来。

3. 养成使用正向语言和表情的习惯。

走在路上的时候，你可以尝试保持微笑，看见熟悉的人，可以热情地走上前打招呼。平时在家的时候，面对另一半或亲人，也可以多一些带有娱乐性质的互动，多鼓励、赞美他们，慢慢地，人们就会习惯使用正面的语言和表情。这样，即便遇到苦难和不公的时候，你也能够在情绪上保持相对冷静。

4. 主动寻找能够提供正向语言和表情的环境。

人做某些举动，不仅是因为自觉，还有可能是受到环境的影响。如果一个人长期和另一个喜欢传递消极负面情绪的人相处，慢慢地，他也会变得负面消极。而如果这个人身边的人都乐于用正向的语言和表情进行交流，那么，这个人自然也会受到周边人的影响，认为这才是正确的相处模式。

拨通“情绪开关”：一鼓作气培养正面情绪

在接受到某种刺激后，人的负面情绪就会涌出来。同样地，当人们接受到某些刺激以后，正面情绪也能够被激发出来。至于到底是激发出正面情绪，还是负面情绪，关键在于我们如何设置“情绪开关”。

小A和小B作为舞伴，一起参加一个探戈舞比赛。上台前，小A和小B一起坐在化妆室里等待上场。小A由于之前没有参加大型比赛的经验，此刻不停地揉搓手里的纸巾，双腿不安地抖着，呼吸也比平常急促一些。

小B则平静地坐在小A的身旁，看不出和平时有什么区别。

小A忍不住问道：“你不紧张吗？”

小B点了点头，说：“有点紧张。”

小A有些泄气地说：“怎么办，我紧张得有点受不了，我好怕待会儿跳错了。”

小B见状，上前安抚小A，并且让她坐直身子，深吸一口气，然后慢慢地呼出，连续做三次。小B说：“我每次紧张的时候，就会这样连续做三次，做完以后就放松多了。”

小A按照小B的指示，连续做了三次，虽然效果没有像小B说得那么好，但是在一定程度上，小A的负面情绪也得到了缓解。

在这个例子中就存在一个情绪开关——深呼吸，只要通过这个开关，小B就会感受到轻松，并成功缓解他的紧张情绪。其实“情绪开关”利用的就是“刺激—反应”理论，当人们发现某件事情能够让他感受到正面情绪以后，就不断重复同样的动作，慢慢地，只要做出这个动作，执行者心中就会产生相应的正面情绪。

那么，哪些事物可以成为“情绪开关”呢？

1. 脑内形象。

在影视剧中，我们经常可以看到有些角色在遭遇重大挫折的时候，只要想起了某个人，就能够瞬间斗志昂扬，重新振作起来。这就是通过回想某个人的形象，唤起心中的正面情绪。这个人最好是自己喜爱、亲近的人，曾经对自己的人生产生过积极作用。

2. 言语。

事先选定一句话，可以是“我很棒”“我能行”“没问题”等鼓励式的短语，也可以是“嚯哈”“哦吼”“啊咧”等无意义的语气词，还可以是一些口号类的名言警句，如“天生我材必有用”“黑发不知勤学早，白首方悔读书迟”。只要这句话能够让你的情绪放松下来，那么你就可以根据自己的喜好选择任意一种。不过，在使用的过程中，要注意保证两点——频繁、精简。

你选择的句子不宜过长，过于复杂，要简便，容易记忆。只有这样，在遇到不顺心的事情的时候，才能够快速想起来。随着使用频率的提升，这句话逐渐就会变成一个“情绪开关”，一旦拨动，情绪就会自动调整到相对正常的水平。

3. 肢体动作。

选用那些确实能够舒缓情绪的动作，如深呼吸、敲桌子、双手交握等，从中选择一种，用于某个情景下，缓解情绪并加以坚持。

养成稳固的正面情绪习惯

著名作家高尔基说过一句话：“快乐，是人生中最伟大的事。”但是，并非人人都能够拥有稳固的正面情绪，人们可以因为获得了一台心仪的相机而欢呼雀跃；可以因为朋友的一句赞美而心花怒放；可以因为收到一块美味的蛋糕而眉开眼笑。但是这些快乐是暂时的，人们并不能因为这些事而快乐一辈子，人们在一些事情面前，依然会悲痛欲绝、暴跳如雷。

难道人们的情绪只能一直起起落落，因为外物的到来而喜悦，当没有值得高兴的事情时就一脸愁容吗？当然不是。

一天，美国前总统富兰克林·罗斯福家中失窃，损失惨重。他的朋友知道后，连忙写信安慰他。但是罗斯福却回信道：

“谢谢你的安慰，我亲爱的朋友，我现在依然很好，也很幸福，你不用为我担心。

“而且我还很庆幸，我要感谢上帝。

“因为，第一，这个贼只是偷走了我的东西，并没有伤害到我的生命；第二，贼没有偷走我全部的东西，还有一部分没有被带走；第三，做贼的是他，而不是我。”

通常，当我们发现自己的东西丢了以后，往往会暴跳如雷，愤怒地诅咒那个小偷，悔恨自己当时为什么没有在家里安监控。但罗斯福没有，被盗走的财物固然让他很伤心，但是他依然从这不幸的事情中，找到了值得庆幸的事情，依然保持着幸福和快乐。

拥有稳定的正面情绪的人，即便面对困难，也能够从容不迫，乐观地面对一切。那么，我们应该如何培养稳定的正面情绪呢？

1. 到了“忧虑时间”再担心。

什么时候，人们会产生负面情绪呢？针对这个问题，主要有两种回答：第一，能力不足，无法解决当前的问题；第二，超前担忧。第一种原因对人的影响，会随着能力的提升逐渐得到缓解，但是第二种原因并不会。如果我们不纠正心态，随着能力的提升，超前担忧所带来的压力将会压垮我们。

比如，有的人刚刚上初中，就开始忧心自己高中的时候能不能继续保持优秀；有的人刚刚结婚，就开始思考生了孩子以后，生活会如何艰辛；还有的人刚刚升职加薪，就开始担心会不会有新人顶替自己的位置。固然，这些事情我们需要提前进行思考，但是我们为的是思考解决办法，而不是为了这些事情而焦虑、不安，影响自己的正常生活。

如果克制不住自己的过度担心，可以专门设置一段时间，用于思考未来的事情，其余的时候，则可以尽量保持最佳的状态，面对眼下的生活。

2. 对生活大小事赋予意义。

物质财富并不能定义人们全部的生活，也不能让人永远开心幸福。人的正面情绪来自对自身价值的认可，而自身价值则隐藏在生活的大小事务当中。珍惜自己吃的每一顿饭，感激路上遇到的每一个笑脸，热爱墙角盛开的野花，感受从身旁掠过的每一阵风……

不该忧虑的时候不忧虑，积极地对待生活，慢慢地，自然就会形成稳定的正面情绪。

CHAPTER 05

第五章

付诸行动，复杂的行为也能变成习惯

从规划开始，找到属于自己的行动指南

清晨，刚睁开眼睛的时候，你会思考如何安排自己当天的日程吗？还是那天遇到什么事情，就临时解决什么事情？通过一些成功人士的自传，你会发现，他们中的大多数人都有一个习惯——规划一张日程表。

日程表上通常写着自己在那一天中需要解决的事情，有时甚至还会标有完成该项事物所需要的时间。这个日程表只是对一天的规划，除此之外，有的成功人士还会有半年、一年、五年、十年的规划。

规划就其本质上来说，是对一件事情的时间安排，完成该项任务需要多长时间，规划就可以持续多长时间。

经过旷日持久的争霸战，周朝境内的诸侯国数量大大减少，逐渐演变成战国七雄的局面。其中，齐国、楚国的实力最强。

公元前247年，秦王嬴政继位，在平定内乱后，嬴政带领秦国加入六国的角逐战争中，并立志平定中原。为了达成目标，嬴政对各国国内情况、地理位置和实力进行了一番分析，和心腹大臣共同制订了一套周密的攻略方案。

公元前230年，嬴政率先派兵攻打实力最弱的韩国，韩国没有赢得其他大国的救援，无力抵抗秦军，很快就被攻破了。韩国被灭后，秦国顺利切断了燕、赵之间的联系，并在战略上形成对魏、燕、赵三国侧翼包围的态势。

次年，嬴政将视线转向饱受战乱和灾荒之苦的邻国——赵国。赵王对此浑然不觉，甚至相信了秦将王翦的挑拨，杀害了国内抵御外敌的主力将领。至此，赵国再无力抵抗，迅速被秦国吞并。

很快，懦弱的燕国成了嬴政的下一个目标。公元前226年，秦军攻破燕国都城蓟城，燕王无奈，献上太子丹的项上人头求和。

紧接着，秦军水淹魏国都城大梁，一举将苟延残喘的魏国攻破，魏王自杀后，魏国灭。至此，除去齐国、楚国，实力稍弱的国家均已被吞并。

公元前224年，秦王嬴政亲自率军攻打楚国，经过两年的拉锯战，秦军顺利攻破楚国，俘获楚王，至此，六国仅剩东方大国——齐国。

公元前221年，秦王派将领王贲率秦军，由燕国边界南下讨伐齐国。

同年，秦王嬴政统一六国，改变了春秋战国时期，诸侯争霸，战乱割据的局面。

秦王嬴政统一中原，并不是临时起意，也没有轻易冒进，而是对各个国家的情况进行分析，规划攻打策略。高质量的规划，帮助嬴政在短时间内实现了称霸的野心。

同样地，我们要想养成一个新的习惯，并不是定好目标后直接开始做，告诉自己只要坚持30天就可以了。有时候，养成一个新的习惯，就像征服一个国家那么困难。比如，一个从没有学过英语的人，想要养成每天读英语文章的习惯。目标定下后的第二天，他就找了一篇英文杂志上的文章开始看，结果全篇都是他不认识的单词，查字典的时间是看文章的100倍。这样，即使那个人坚持看了两个星期的英文文章，他对英语的兴趣也大大减弱了。

那么，我们在日常生活中，如何拟订一份高质量的规划呢？

1. 确定一个目标。

规划并不会凭空出现，它总是围绕某一个核心目标进行运转。打个比方，你想要做一道西红柿炒蛋，因此，规划就围绕着准备食材、炒蛋、放入西红柿、加少量水等活动展开。如果你不知道自己的目标是什么，又怎么会知道要做哪些事情才能达到目标呢?

2. 收集相关资料，综合分析规划的可实践性。

确定好目标以后，你就需要准备资料，明白自己当前处在什么状态，自己的能力极限在哪儿，需要做哪些事情才能达到目标，积累相关经验。

3. 为你的规划留出一定的“空白”。

当你的脑海中形成一个大致框架以后，你还需要为你的规划留出一点空余时间。比如，你必须在一周内提交一份策划案，那么，你可以将你的截稿日期提前一天，防止自己临时有事，耽误进度。

明确目标，为你的行动界定方向

你有没有在生命的某个时刻突然萌生出一种想法，比如，想考上东南大学的土木工程专业，想获得一次年终奖金，想成为一名优秀的漫画家，想为父母做一顿美味的饭菜……有时你并不是想想而已，还想为此付出努力，想尽全力让它们变成现实，这就是目标。

美国前总统约翰·肯尼迪曾说:“如果目标和方向不明确，你的努力和勇气将会显得格外虚弱。”一个没有目标的人，即便他有出色的规划能力也无济于事，因为他不知道该为什么做一份完善的规划。他只能躺在床上，无意义地重复昨天的生活。又或者，他每天都感觉自己很繁忙，但是不知道自己到底在忙什么，最终也一无所获。

因此，有意义的生活，不仅需要一份适合你的规划，更需要目标。拥有明确的目标，不仅能够获得前进的动力，还能够明确自己前进的方向，避免因为不必要的原因，浪费时间和精力。

春秋时期，吴王夫差带兵攻打越国，一举拿下越国都城会稽。

为了告慰父亲的亡灵，夫差生擒越王勾践夫妇，并将他们带到他父亲的墓前，要求勾践夫妇为他的父亲看墓、放马。

受尽折磨和侮辱的勾践被夫差放回国后，立誓一定要复国，一雪前耻。

此后，为了提醒自己时刻谨记自己的誓言和目标，勾践不顾疼痛，每天晚上直接睡在柴草上，并在房间里悬挂一颗苦胆，睡前、起床后，必要放在嘴里尝一尝。

除了卧薪尝胆，勾践白天醒来后，也不会躺在床上自怨自艾，而是扛起锄头，和百姓一同耕种劳作，并私下和旧臣相互联系，密谋复国。

经过长期的忍耐和奋斗，勾践终于抓住时机，成功起兵，灭了吴国，恢复了越王的身份。

在耻辱的刺激下，勾践的目标十分明确，那就是灭吴国，兴越国，一雪前耻。在这个目标的牵引下，勾践无比清楚地认识到自己当前最应该做的事情是什么。因此，他卧薪尝胆，勤恳劳作，等待时机，而没有把时间放在借酒消愁，整日埋怨，终身抱憾上。

当他灭亡吴国，达成原定目标以后，勾践逐渐丧失了动力，勤政之心日益惰怠，猜忌之心日益强盛。肆意残杀功臣的越国，最后在内乱中走下了历史的舞台。

目标就像一个指路牌，当你通过这个路口以后，还需要下一个路牌指引你继续往前走，如果缺少指引，你如何知道自己走向的是康庄大道，还是悬崖峭壁。

我们可以通过以下措施，帮助你从一个高质量的适合自身情况的目标，为我们提供前进的方向。

1. 明确当前的需要，在此基础上制定目标。

目标的设立并不是随意之举，不是今天你想在一年内成为一名作家，明天又想在三年内成为一名出色的厨师。

你的目标和你的需求相贴近，为了达到目标所采取的行动也是对这种需求的满足。比如，七夕节快到了，你明天想和女朋友一起度过一个快乐的节日，为了达成这一目标，你需要早早结束工作，订餐，买电影票，给她准备一个小惊喜。

2. 和自身能力相匹配，切合实际。

目标是没有门槛的，一无所有的人也可以立志成为百万富翁，一字不识的人也可以立志成为当代文豪，一毛不拔的吝啬鬼也可以将自己遗产的 90% 捐给慈善机构，救助弱势群体。

我们可以挑战自己，设立一个超过自己能力范围的目标，但是行使者身上需要具备实现这一目标的潜质，如果不具备相关潜质，那么这个目标对行使者来说，不能算目标，只能算他对自己撒下的谎言。不切实际的谎言非但不能鼓励自己奋发向上，还会让自己备受煎熬，因为他永远达不到要求，从而产生自我怀疑的情绪，甚至自我厌弃。

3. 由小及大，逐步递进。

虽然有的人没有达到更高目标的潜质，但是他可以从自己能够达到的小目标开始。每一个小目标的实现，都会带来相应的变化。比如，丘吉尔，虽然他不能够立刻从一个说话口吃的人变成一位杰出的演讲家，但是他可以先变成一个说音节不会结巴的人，然后变成一个能够流利地说出任何一个单词的人，直至最后成为一名出色的演讲家。

虽然这个过程很艰辛，但是逐步积累下来，终有一天，你会达到更高的目标。目标就相当于靶子，箭矢就是行动，谁都想射中靶心，所以何必把靶子放在大海里呢？

做出承诺，用“我”字树立改变的决心

心理学家认为，人的行动主要受到两类因素的影响，即外部激励和内部激励。

外部激励，通常是指从事的活动所能带来的回报，如金钱、权力、赞扬、机会等，能够促使人们去做一些自己不愿意的事情。不过，一旦外部激励消失，动作的行使者很有可能会放弃这项活动。

内部激励，和外部激励相对，更加关注动作行使者的精神，往往依靠信念、热爱、承诺等。注重内部激励的人，往往不在乎他人的评价，转而关注自己的感受，具有更强的稳定性和自觉性。

在日常生活中，外部激励是必不可少的，它能够在极大程度上调动我们的积极性。但是，只依靠外部激励是不行的，我们还需要内部激励，对自己做出承诺，从根本上调动自己实践的欲望。

某公司的销售部录取了两名应届毕业生，分别是员工A和员工B。

两人勤勤恳恳地工作，并在入职半年后顺利转正，获得了不错的薪水待遇。

一天，他们的直属负责人突然找到两人，表示一周后，要带他们一起出差，洽谈一个项目。不过，这个项目对于两个职场新人来说并不轻松，甚至有点棘手。为了鼓励他们，负责人表示事成以后，他们能够获得丰厚的奖金，甚至能够获得升迁的机会。

员工A听后，显得略微有些紧张，他有些担心自己不能够顺利完成任务。

他想和负责人坦白自己可能暂时没有能力参与这个项目，但是又不想给老板留下不好的印象，而且看到员工B没有拒绝，他也不好意思再说。

员工B则在心里下定决心，一定要好好把握这次机会，提升自己的业务水平。想到这儿，员工B欣喜地和负责人说：“我一定不会辜负您的期望！”

就这样，两人回家以后各自开始着手准备此次项目所需要的资料和策划方案。

之后的一周，在收集资料之余，员工B还会主动找之前和此次项目所在的公司有接触的前辈，了解项目公司的相关信息，并向负责人讨教谈判技巧。相比之下，员工A只是埋头收集相关信息。

一周后，他们顺利拿下了此次的项目，但是只有员工B获得了丰厚的年终奖，并获得了升迁机会，而员工A只是获得了少量的劳动报酬。

员工B很好地利用了承诺这个内部激励，激发了自身不断向上的动力，积极地去完成略微超过自身能力的工作，努力达到目标。

而这套行为模式也可以运用到我们的生活当中，即用“我”字做出承诺，如“我能够拿到今年的一等奖学金”“我会顺利通过英语翻译考试”等。这些承诺会让大脑产生代入感，认为这就是自己该有的状态，从而不断地向这个方向努力。

与此同时，承诺也会给予执行者以信心和庄严感，让他认为这并不是可以随意搁置的事情，而是必须完成的事情。比如，一些人在制订了新的习惯养成计划以后，往往坚持不下去，一方面取决于客观条件和意志力，另一方面是他们缺乏必须完成这件事情的使命感，在他们眼中，这件事情只是他们的一个美好愿望，不完成也没有什么损失。

那么我们该如何利用承诺，树立改变的决心呢？

1. 郑重地用纸笔写下来。

当你决定改掉某个坏习惯或者养成某个好习惯的时候，可以通过自我承诺，鼓励自己。这时，你可以找出一张纸和一支笔，纸张不要太随意，最好用一张干净的纸，用笔在纸上写下改变的承诺，就像签订一份合约一样。

当然，你也可以选择将你的承诺告诉别人。当别人知道你的计划以后，会不自觉地注意到你的一举一动和承诺之间的差别，并以此督促你，这时就会形成一种无形的监督环境。

2. 积极完成每一个小承诺，积累信用。

在日常生活当中，你可以通过做一些简单的小承诺，如“我今天晚饭后要出去散步”“我今天要把脏乱的书桌打扫干净”等，承诺的内容最好简便易行，不需要花费太多的时间。

在你做出承诺以后，最好立刻开始执行，因为在任务完成以后，人很容易产生一种荣誉感和自豪感，从而在下一次的改变中继续要求自己坚守承诺。

3. 不要轻易做出承诺。

轻易做出承诺容易导致承诺太多而无法完成的情况出现，或者承诺超出自己当前的能力极限，无法兑现，而这对我们的习惯养成计划非常不利。

通过坚守承诺，能够增加执行者的信心和使命感，但是经常违背承诺则会让人觉得自己是一个不讲信用的人，慢慢地，所做出的承诺对这个人的威慑力也会降低。

现在行动，别被惰性和其他事情拦住脚步

你现在是否为自己列了一份当日任务清单？你每天都能顺利完成上面所有的待办事项吗？如果不能的话，是还剩一件事情，三件事情，还是你根本没有按照自己的任务清单执行任务？

例如，你想要写一本书，你已经提前规划好了章节和目录，并对每章每节的时间分配进行了细致的规划。任务开始的第一天早晨，你睁开眼睛后，就躺在床上细致地规划好了那一天你需要先做什么，再做什么。但是当你拿起手机看完时间以后，却又突然不想执行任务，而是想先看半小时的视频，再起来工作。不知不觉，你玩了一个小时、三个小时，中午到来了。今天没有完成的任务，只能积累到明天一起处理了。但是往复循环，最终，写书的目标就此搁浅。

任务清单只有在被执行的时候，才是任务清单，如果只是将任务列出，但总是因为懒惰，或者用各种理由搪塞，不去执行，那么这张任务清单对我们来说，就是一张白纸。久而久之，我们就会放弃这张任务清单，甚至放弃我们事先拟定好的目标。同样地，不为目标付出奋斗，和没有目标并没有太大的区别。

小夏想要养成每天精读一篇外刊新闻的习惯，为此，他特意在网上买了一本厚厚的笔记本，一沓空白的计划本和彩色笔，甚至还关注了四五个英文公众号，方便自己到时候寻找外刊。

一切准备工作做好以后，小夏心满意足地告诉自己，本子到了以后，就可以正式开始学习了。兴奋的小夏不禁想到自己勤奋地阅读外刊，并且笔记本上布满了自己做的标注和笔记，甚至还想到了一个月以后，自己的英语水平突飞猛进。

但是当本子到了以后，小夏打开需要阅读的外刊，拿着笔，却没有看够5分钟就开始觉得疲惫，感到困顿。他觉得自己可以等明天精神更好了以后，再正式开始阅读。但是第二天，小夏也没有按照约定阅读外刊。就这样一拖再拖，小夏自己都忘记了读外刊的目标。

懒惰不仅会影响任务完成的进度，还会消磨人的意志，让人慢慢地放弃之前许下的承诺。这也就是为什么，现代年轻人时常会面临间歇性斗志昂扬，持续性精神萎靡的情况。

如果只是在心中创造目标习惯，但是不付诸行动，一直用“今天太累了”“太忙了，改天吧”“他们应该没空吧”这些借口搪塞自己，为自己的懒惰找借口。那么第一天，第二天，第七天，你还可能会为自己没有遵守这个约定而懊丧，但是一个月以后，你甚至会忘记自己曾经有这样一个目标，并拟订过相应的计划。如果你懒于踏出第一步，即便拥有最完美的规划，也踏不出后面的 99 步。

那我们该怎么动员自己，行动起来呢？

1. 先从容易达成的事情开始着手去做。

老子云：“天下难事，必作于易；天下大事，必作于细。”拖延症的养成，主要是因为我们平时在小事上，就没有养成及时行动的习惯。比如，一个平时连吃午饭都要拖到一点以后的人，当他想要养成某个习惯的时候，如何能够及时行动起来呢？因此，我们平时就要从小事、易事做起，及时完成每一项任务，养成不拖沓的好习惯。

2. 在相应时间段设置相关联的事情，让自己不得不干。

当你感到坚持某个习惯很困难的时候，可以将这个习惯和我们每天必须做的事情绑定在一起，让我们不得不做。比如，一个人想要养成每天阅读的好习惯，他就可以将阅读放在洗澡之后，睡觉之前进行。一方面，沐浴能够缓解疲劳，使我们感到放松，此时的精神状态比较适合阅读。另一方面，今天的工作已经基本完成，不需要再考虑其他的事情，可以安心地坐下来阅读一会儿，然后就上床休息。

3. 设置一定的奖励。

坚持某个习惯所获得的回报中，有些是即时性的，有些是延迟性的。在面对延迟性回报的习惯，如阅读、记账、喝白开水、均衡饮食等，我们可以主动在完成习惯性动作后，给自己以反馈和奖励。当回报不再遥不可及的时候，人也就会自愿立刻采取行动，获得奖励。

关注结果，用新习惯带来的好结果鼓励自己

一天，有人告诉你，如果你能够坚持晨跑三个月，那么你就可以获得5万元。你会答应他，还是会拒绝他？在排除对方是骗子的情况下，你其实是想做这件事情的，并且会抱有极大的热情。因为坚持这件事情所带来的5万元奖励，会刺激你的大脑分泌更多的多巴胺，让你处在亢奋状态，而人是不会拒绝令自己快乐的事情的。在这个过程中，人对好结果的关注，会反过来激励人们去做某件事情。

在戒酒协会，有一种帮助成员养成戒酒习惯的管理方法叫作代币管制法。管理人员设立一系列有利于成员养成戒酒习惯的行为活动，并告诉他们，如果顺利完成上面的一项活动，那么他们就可以获得一枚特制的塑料硬币。当成员积攒了一定数量的硬币以后，就可以将硬币交给管理人员，换取自己想要的东西。

成员为了得到自己想要的东西，每天坚持执行管理人员制定的行为活动，期望在短时间内得到尽可能多的硬币。如果成员希望进行深入治疗，那么他就可以在管理人员的指导下逐步增加任务的难度，并获得更多的硬币奖励。

对于那些病症轻微的酒瘾者来说，一段时间后，他们的饮酒习惯基本能够得到改善。

硬币相当于一种媒介，而戒酒协会的成员所需要的物品是奖励，当他们真的通过硬币获得了自己想要的东西后，他们就会更加愿意执行任务，获得代币。久而久之，大脑就会形成“戒酒—获得奖励”的“刺激—反应”回路，帮助他们养

成并维持戒酒习惯。

新习惯所带来的好结果，除了有外界给予的，还有习惯本身所带来的。例如，养成早睡早起的新习惯以后，你发现自己的精力比之前更加旺盛了，皮肤状态也得到了改善，那么你就会想要继续保持这个习惯，以维持现在的好状态。但是不管好结果是来自外在的还是内在的，我们都需要注意以下两点。

1. 学会记录新习惯带来的好处。

新习惯带来的好处通常并不明显，而这一点在其自身所带来的内在的改变上体现得尤为明显。因此，我们可以通过总结记录的方式，将每一天的微小改变都记录下来，随时翻阅，慢慢地，成就感与满足感就会得到增强。

2. 适当想象养成新习惯后的自己。

大脑不仅会受到外界奖励性刺激的影响，分泌更多的多巴胺，还会受到内在想象的影响，具有更强的执行意愿。

不断重复：通过重复行为使习惯稳定下来

行为心理学家普遍认为，重复任何一种行为 21 天或 21 次就会形成习惯，90 天后就会形成稳定的习惯。换言之，在习惯形成后，我们还需要通过不断重复，让习惯进入稳定阶段，好比飞机跑过助跑道，脱离地面以后，还需要不断地提升速度，进入平流层，然后才能维持稳定的速度。

如果提前放松警惕，不注重习惯的维持，那么很有可能在习惯进入稳定期以前，就前功尽弃。

有一次，一位哲学家在给学生上课的时候，给他们布置了一个任务：要求他的弟子们每天坚持甩臂100下。一个星期后，哲学家把大家召集起来，检验成果。他问弟子们："现在，还有谁在坚持每天甩臂100下。"90%的学生都做出了肯定的回答。哲学家听后，没有做任何评价，让他们继续回去每天练习甩臂100下。

一个月后，他又问弟子们，有谁还在坚持。这时，只有一半的人回答自己还在坚持做。哲学家听后，依然不做任何评价，只是让他们继续做。就这样，过了一年，哲学家再次问弟子们，谁还在坚持，只有一个学生站了出来，做出了肯定的答复，这个人后来获得了巨大的成功。

在哲学家的弟子当中，有一半的人保持甩臂一个月，对这些人来说，甩臂已经成了他们的一个习惯。但是为什么已经形成甩臂习惯的他们，在一年后，基本上都不再甩臂了呢？这是因为习惯形成以后，具有一定的强制力，能够引导我们自觉地去做某一件事，但是这种强制力还没有稳定下来。如果中途因为其他事情，或者单纯地不想做了，那么一段时间后，之前建立起来的和甩臂相关的神经通路就会逐渐淡化，甩臂习惯自然也就消失了。因此，习惯形成以后，还需要通过不断重复，巩固习惯，使其达到稳定。

不过，想要实现高效的重复，还需要注意以下几点。

1. 不改变执行习惯的时间。

比如，你养成了睡前阅读新闻的习惯，那么在重复阅读新闻行为的时候，应尽量选择在睡前的时候阅读，不要再将该习惯移至早晨醒来的时候，以免打乱习惯回路的内部机制。

2. 保持一定的执行频率。

如果你因为工作繁忙或其他事情，某一天没有完成习惯行为，那么没有关系，你只需要在下一次执行过程中进行弥补即可。但是这样的频率不能太高，一旦过高，那么你之前构建的习惯回路就会慢慢地淡化。

反馈纠偏：老习惯故态重萌，要及时觉醒

从事绘画行业十年的人，即便转行成了一名律师，五年后，当他再次拿起画，在纸上画一个苹果时，他依然能够画出一幅关于苹果的素描，虽然没有之前画得标准。同样地，长期坚持的习惯回路虽然可以被替代、被弱化，但是这并不意味着它就会消失不见。

妻子怀孕生产的时候，老王为了妻子和孩子的健康，决定把自己抽了十多年的烟戒了。

尽管烟瘾并没有想象中那么容易被戒掉，但是经过不断的努力以后，老王想尽办法，最终把烟给戒了。就这样老王过了半年没有抽烟的日子。这段时间里，朋友、上司给他递烟，他都委婉拒绝，遇到不得不收下的烟，他就别在耳边，回到家后，再把烟给扔了。

一天，老王的母亲和他的儿子突然遭遇了车祸，伤势比较严重。老王和妻子在手术室外焦灼地等待着，老王感觉到了绝望。把妻子安抚好，老王出去买了包烟，他站在医院门口抽完了好几根才进去。

所幸，有惊无险，老王的母亲和儿子顺利地康复了。

之后，老王仍然坚持戒烟，但是工作压力大的时候，他还是坚持不住，想要去买一包烟回来抽。

老习惯被替代以后，还是会在我们意识薄弱的情况下，跑出来影响我们的生

活。如果我们不加以控制，就会逐渐回归到原先的状态。如果要彻底改正，就需要额外花费精力，重新培养新习惯。因此，在培养新习惯的时候，我们还要建立一套反馈纠偏机制，预防老习惯故态复萌，而我们却不自知。反馈纠偏机制主要包括两个方面。

1. 获取反馈。

可以专门用一个本子记录自己习惯养成的过程，并记录老习惯的出现次数。在新习惯的部分，需要誊写是否完成习惯行为，完成习惯行为所需的时间，什么时候完成的，是否是在外力干预的情况下完成习惯行为。一般来说，在习惯养成的初期，需要花费更多的时间，督促自己完成习惯行为，但是越到后期，所需的时间就越少。如果在后期出现用了很长时间才完成习惯行为的情况，需加以备注，并标明原因。另外，我们还需要留心自己一般在什么时候完成新习惯行为，对于那些超出常规时间的情况，请备注原因。

对于老习惯，我则需要记录其在什么时间出现的，什么事情之后出现的，是否自觉终止老习惯行为，如何自觉终止，每个月的出现频率等。

2. 纠正老习惯，维持新习惯。

根据上述记录，我们可以发现新习惯的完成情况，以及老习惯的复发条件。如果通过分析，发现自己在下午非常疲惫的时候，容易想要执行老习惯行为，那么，我们就需要重点留意下午，并提前做好准备，将所有可能诱使我们完成老习惯的刺激，移出我们的视线范围。

不要自责：别让消极暗示影响你的潜意识

正在减肥的你某天忍不住吃了一份炸鸡全家桶，你是看着体重秤上上涨的数字疯狂抱怨，认为自己这辈子都不可能瘦，还是安心地享受这一顿美餐，明天更加努力地锻炼，并暗暗提醒自己，这个月不要再吃高热量的东西了？不管哪种态度，第二天你都会拼命锻炼，只不过情绪有所不同。

在第二种看待方式中，炸鸡变成了一种奖励，第二天的加倍锻炼也变成了获得奖励后的反馈。两者之间的连接模式变成了“吃到了奖励炸鸡”—“第二天要好好努力”。但是在第一种看待方式中，炸鸡成了一种违规品，第二天加倍锻炼是因为自己前一天违规吃了炸鸡，锻炼是一种惩罚。它们之间的连接方式就变成了“吃了炸鸡，违规”—“接受惩罚，更加拼命地锻炼”。这种负面情绪产生后，还带来了消极暗示——“不会瘦”。如果每次自己吃热量稍微高一点的食物，都对自己说这样做不可能瘦得下来，久而久之，这种消极暗示可能会变成现实，那就是减肥失败。

一些人在习惯养成的过程中半途而废，可能并不是因为没有毅力，而是常常给自己提供消极暗示。

有一位科学家做过这样一个实验。他带着自己的十个学生，穿过一间经过他精心设计过的房间。科学家将灯打开，透过微弱的灯光，学生看清了房间里的东西。

在他们的面前有一座窄窄的木板桥，桥的下方有一个巨大的水池，池中养着凶猛的鳄鱼。学生们瞪大了眼睛，交头接耳，无法想象自己刚刚从鳄鱼的头上经过。这时，科学家开口说道：“你们现在谁能够走过木板桥，回到另一边？”

过了很长一段时间，只有三个人站出来。第一个尝试通过木板桥的人，小心翼翼地走了过去；第二个人走了一半，克制不住趴在桥上，慢慢地爬了过去；第三个人看到第二个人的样子，站在桥边迟迟不敢过去。

看到此情此景的科学家将房间里的灯全部打开了，学生们透过更加强烈的光，看到木板桥下还有一张大网。有几个人壮着胆子走了过去，但是突然有一个人问道：“如果下面那张网不结实怎么办？”剩下的人听到这句话，又开始犹豫不决，担心自己会从上面掉下去，变成鳄鱼的午餐。

这个故事中，那些最终没有走过木板桥的学生，在只看到木板桥的时候，就担心自己会不小心滑倒掉下去，告诉自己不能过去。在看到桥下的网之后，又担心网不结实，即使被接住也没有用，告诉自己不能过去。在“自己不能顺利走过去”的心理暗示下，他们最终真的没有走过去。

在培养一个新习惯的过程中，我们往往会遭遇挫折，碰到不能够完成任务指标的时候。这个时候，我们没有必要一味责备自己，拼命在心中重复“我不可能做得到”的声音。因为，多次重复之后，你的潜意识就会认为你真的做不到，从而影响你的习惯养成计划。

那么当我们因为自身实力不够，或者缺乏必要的养成环境，遭遇到挫折的时候，我们应该怎么办呢？

1. 转移关注点，从另一个角度解读失误。

看待事物其实就像是跳出地球，在太空中俯视整个地球。我们既能够看到白天，也能够看到黑夜。但是如果我们和太阳相对而立，那么我们能看到的只有黑夜，久而久之，甚至会认为地球没有白天。

因此，当失误发生以后，没有必要一直盯着阴暗面，为最坏的结局惴惴不安。可以试着换一个角度，解读问题。

2. 用积极性词语代替消极性词语。

当失误发生以后，不要急着用消极性词汇贬低自己，如“没用”“完蛋了”“这次肯定不行”等，可以尝试用积极性词汇替换消极性词汇，减轻负罪感。

有时候，自责的人并不仅仅为自己当下的行为感到后悔，在很大程度上他们还恐惧着，害怕因为自己的一个小举动而影响到整体效果。

3. 进行修正，避免再犯类似的问题。

失误出现以后，不仅要避免让消极暗示影响自己，还要主动挽救。比如，只是安慰自己这次吃炸鸡没关系，不会影响到减肥计划，而不去加大运动量，或者克制自己继续吃炸鸡的欲望。那么很快，我们就会认为吃炸鸡也没什么，可以随便吃。这样，减肥计划不就泡汤了吗？

CHAPTER 06

第六章

锤炼意志，在坚韧中成就好习惯

意志力的三重角色：主人、统帅、导师

当你需要早起处理昨天遗留的文件时，你是会在床上继续多躺几分钟，还是立刻起床，完成任务；当你在完成一项紧急任务的时候，你是会坚持做完，还是接受同事的邀请，出去享受一顿大餐……不知道你是否注意过，不管你是坚持下来了，还是中途放弃了，不仅取决于你所掌握的方法和技巧，还有意志力。

美国哲学家乔·贝利说过："有了坚定的意志，就等于给双脚添了一双翅膀。"在翅膀的帮助下，你能够越过一些不必要的错误，顺利抵达目的地。意志力在通向成功的路上，不断地牵引着、推动着来者向前，人们重视它，但是很少有人知道如何对待意志力，应该将意志力放在什么位置上才是合适的。

张海迪的童年和大多数人相比，并不算顺利，血管瘤迫使她高位截瘫，不得不告别了在阳光下活蹦乱跳的日子。但是身体上的行动不便并没有阻碍她精神上的富足。张海迪发奋学习，学完了小学、中学、大学和硕士研究生的全部课程，并自学了大学英语、日语、德语和世界语。

1983年，张海迪开始从事文学创作。写作对她来说，并不轻松。因为高位截瘫，张海迪没有办法自行走到书桌前坐下，只能躺在床上进行写作。每写下一个字，她就感觉背后有针扎了她一下，大面积的褥疮腐蚀着她的皮肤，深可见骨，可张海迪的手一刻不停，一直在写。就这样，张海迪完成了长篇小说《绝

顶》，报刊文章《是颗流星，就要把光留给人间》，并翻译了数十万字的英文小说。

除了写小说，张海迪还花时间画油画、唱歌，向政协提议在高校设置无障碍设施。她做了很多，尝试了很多，但是谁又能想到，当她一个人坐在高楼上的时候，她也想过就这样跳下去，结束这无尽的病痛。

但是她活下来了，她想，我很痛苦，但我一样可以给别人带去快乐。

张海迪凭借着顽强的意志力，获得了一份与众不同的人生。她发现了自己可以为之奉献一生的事业，找到了能够愉悦自己的事情。与此同时，意志力也帮助张海迪，不断抵御疼痛，抵御绝望，让她能够顽强地活下去。

我们可以根据意志力在张海迪生活当中的作用，总结意志力在人们生活当中充当的三重角色。

1. 主人。

在人类发展的历史长河当中，人们为了满足自己的基本需求，逐渐衍生出了欲望。人们渴望财富、权力、荣耀、舒适，被欲望驱动的人，面对从床上爬起来去劳作和继续躺在床上享受温暖，他们会毫不犹豫地选择后者。适量的欲望能够促使人们寻找办法，满足自己，从而推动社会的发展。过度的欲望会阻挠人们前进的步伐，让人们只想躺下，满足欲望。

因此，人们需要意志力这个主人，在适当的时候操控我们的身体，让我们能够顺利完成艰难的任务，而不是放任欲望操纵我们的身体。

2. 统帅。

当人们坚持做一件事情的时候，意志力也会全力支持人们，调动足够多的意志力，帮助人们完成任务。比如，当你想要养成每天冥想的新习惯，意志力就会唆使大脑，让大脑调动足够的精力，帮助我们完成这个任务，并且要求大脑在冥想期间，停止将主要精力放在其他事情上。

3. 导师。

美国心理学家罗伊斯说："从某种意义上说，意志力通常是指我们全部的精神生活，而正是这种精神生活在引导着我们行为的方方面面。"就像那些处在跑八百米最后一圈的人，他的本能不断唆使他停下来，但是他的心中还会响起一个声音，那就是"坚持下去"。这不仅是人们对胜利的渴望，还是心灵深处的意志力所做出的选择。它会在恰当的时候，像一位和蔼可亲的老师，引领我们做出最适当的选择。

意志力燃料：充分的理由与对规律的遵循

假设你正在跑马拉松，此刻距离终点还有500米，但是你已经筋疲力尽，两条腿就像灌了铅一样沉重，胸腔传来一阵阵刺痛，喉咙发干，大脑一片空白，只是机械地向前迈着沉重的步伐。

最后300米的时候，你的大脑受不了了，向你发送信号，希望你停下来，原地休息一会儿。这时，你会听从大脑的指示，还是继续向前跑这最后的300米？如果你凭借自己的意志力，调整步伐和呼吸，坚持继续向前跑并到达终点，你有没有思考过，为什么你那个时候能够调动你的意志力？意志力产生的条件，或者说，燃料是什么？

小肖个儿不高，体形偏胖，总是呆呆地抱着一袋薯片坐在一边追剧，于是同学私底下都爱叫她大葫芦。小肖不喜欢这个外号，每次都气得直跺脚，但是又无力反驳。

于是，小肖下定决心，一定要减肥。起初的时候，小肖采取了传统的减肥方法——节食。一日三餐，小肖只吃早餐和午餐，量也很少。如果菜里面有油，她会把菜放进清水里泡一泡，然后才吃。家里的零食都被她送给了朋友，当朋友邀请她吃高热量的食物时，她也都摇头拒绝，说她最近在减肥。

半个月后，小肖确实瘦了不少，但是整个人也憔悴了，显得无精打采，上课的时候也总是犯困，稀里糊涂地就睡着了。月考成绩下来，她的成绩下滑得非常明显。老师、父母都感到十分惊讶，和她谈了很久。

小肖觉得这样不行，减肥真的太痛苦了，代价也太大了，但是一想到会被人嘲笑，她又不想也不敢放弃减肥。于是，她开始收集减肥的相关信息，调整了自己的减肥方案，决定通过运动结合合理饮食，调整自己的体重。小肖坚持每天合理安排自己的三餐，不再一味追求吃得少，更加注重营养搭配。没课的时候，她就会去健身房，锻炼一两个小时，或者抽空去操场跑两圈。

两个月后，小肖的体重下降了，整个人容光焕发。看到这样的自己，小肖更加坚定地想要按照这套方法，继续生活下去。

在这个故事中，小肖的意志力主要体现在减肥上。从动机上看，小肖由于害怕被人嘲笑，不敢不减肥，在最困难的时候，也不敢放弃。虽然动机带有消极性，不过也成了很好的助推剂。从减肥过程上看，小肖的意志力其实经历了两个阶段——动摇期和稳定期，并且逐渐由动摇走向稳定。其中，动摇期的产生主要是因为节食减肥的方法并不符合人体的运转规律，当身体感到不舒适的时候，自然会向大脑发出求救信息，提醒大脑，淡化意志力，终止节食。反之，没有收到异常反应，并且获得积极反馈的大脑，就会想要坚持下去，自觉合理地规划三餐，要求身体多运动。

由此可见，意志力并不是凭空出现的，也不是源源不断的，而是需要一定的燃料。这些燃料包括以下两种。

1. 有充分的理由。

在心理学上，意志力是指自觉确定目标后，根据目标支配、调节自己的行动，克服困难，达成自己的目的的能力。换言之，意志力是一种实现目标的手段。因此，想要调动意志力，先设立一个必须完成的目标，有充足的理由说服自己耗费精力去做自己不喜欢或者让自己感到厌倦的事情。当你没有充分的理由去做一件事情时，这件事情所带来的困难往往让你半途而废。

2. 遵守客观规律。

除了有充足的理由，意志力的使用还需要遵循客观规律。比如，你想要考试成绩进入全班前十，就要了解自己在什么时候学习效率最高，什么样的学习方法更适合自己，根据这些制订计划，每天坚持遵守计划，努力读书。

咬住目标：训练无往不胜的意志力

在意志力的帮助下，你可以坚持每天做半个小时的冥想，可以坚持每天精读一篇英文外刊，可以坚持每天去地铁站练习速写，可以坚持每天早起半个小时给自己准备一份早餐，可以坚持每天都对自己的爱人说一句“有你真好”……

强大的意志力的加持，让我们几乎可以做到任何事情，但是每一件事情真的都需要我们去做吗？意志力是一种燃料，是燃料就有用尽的一天，所以好钢要用在刀刃上。一些人具有强大的意志力，但是终其一生却碌碌无为，主要还是因为他们不懂得合理利用意志力，不知道如何让意志力为目标服务。

一位政治家在年轻的时候，产生过一个奇怪的想法，他想征服自己所有的缺点，不犯任何错误，在道德上达到完美的境界。但是不犯错实在是太难了，政治家甚至怀疑自己的这个决定简直就是无稽之谈，但是思索了一段时间之后，政治家决定再尝试一次。

经过一番调整，政治家选出 13 种美德，分别是真诚、正义、缄默、中庸、秩序、高洁、平静、坚贞、谦逊、节制、决心、节俭、勤勉。针对每一种美德，他都设下一个小目标，如针对“勤勉”，他要求自己抽出时间看书，悉心听取教诲。

政治家并没有要求自己一次性遵守每一种美德的要求，而是在一段时间里，集中注意力，让自己保证不违反某一种美德的要求。为了更好地监督自己，政治家还为自己准备了一段祷告和一个记录本，并将自己每天的活动反馈记录在本子上。

成为一个不会犯错的人几乎是不可能的，政治家常常在保持美德“秩序”的时候，又触犯了美德“节俭”和“真诚”的规定，在遵守“勤勉”的要求的时候，又违背了“节制”和“平静”的要求。但是政治家并未妥协，依然坚持自己的计划。

十三天之后又是十三天，政治家就这样一轮一轮地重复着，和最开始的做起来很吃力相比，政治家已经熟练地掌握了每一种美德的要求，并且很少在遵守一种美德的时候触犯另一种美德的要求了。

通过政治家的这段经历，我们可以看到意志力是在实现目标的过程中，得以实现和强化的。比如，你想要坚持每天跑 1000 米，刚开始的时候只能坚持跑完 800 米，慢慢地，又可以坚持跑到 900 米，再过一段时间，凭借自己的意志力可以跑完全程。

意志力的产生虽然需要燃料，也会被耗尽，但是我们可以在目标的指引下，不断地训练自己，提高意志力的上限。不过在咬紧目标的过程中，我们还需要注意目标的质量。

1. 目标要明确。

在日常生活中，我们常常会对自己说“我要坚持每天看一个小时的书”“我要多运动”等。面对这些目标，我们在刚开始的时候激动不已，但是慢慢地就会不了了之。这是为什么呢？

举个例子，一个人决定“每天都要多运动”，另一个人想“每天晚上都坚持跑 1000 米”。第一个人在为目标付出实际行动之前，还要考虑自己今天做什么运动，做多久，什么时候做。由于没有具体的指标，第一个人就可以拖延，或者大大缩短运动的时间，减少运动量。

而第二个人则明确了目标的类型、执行时间和最低指标。通过观察数据，第二个人就可以知道自己的运动效果，当他发现自己可以坚持跑完 1000 米的时候，他还可以提高要求，进一步突破意志力的天花板。

模糊的任务目标不利于后期评估，也不利于监督自己完成任务。

2. 目标数量要合理。

在日常生活中，我们时常可以看到一直在设立目标，却很少达到目标的人，他们常常受到外界的影响，突发奇想，想要达到某一个目标。但是由于当初的承诺太过随意，很多时候，自己也会忘记当初制定过哪些目标。此外，人的精力也十分有限，在一段时间内，最好设立一个主要目标，一到两个次要目标，避免精力过于分散。

3. 目标要具有可实现性。

我们在目标的选择上，还要确保可行性，如果所有的目标都是自己难以达成的，那么慢慢地自己也容易感到疲惫。意志力是一种控制自身欲望，坚持达到目标的能力。如果经常因为能力不足，半途而废，没有达到目标，也容易影响一个人的意志力。

关注“蔡氏效应”，一点一滴强化意志力

当你坐在会议桌前，参加一个非常重要的会议时，你会不会想到之前自己还没有完成的策划方案？又或者说，当你在做一件很重要的事情时，会不会不自觉地想东想西，就是无法坚持完成眼下的紧急任务？

你有没有想过，当你抱怨自己没有意志力的时候，原因其实并非如此，而是你不懂得运用“蔡氏效应”。

20世纪20年代，一群柏林大学的学生去学校附近的餐馆点餐。餐馆的生意非常火爆，学生们好不容易才在一个角落里找到座位。由于服务员并不是很够，学生们点的菜全靠一个服务生记录。学生们拿着菜单，一个一个地点，但是服务员并没有拿出纸笔记录，只是一个劲儿地点头。

不一会儿，菜上齐以后，学生们发现服务员上的菜竟然都没有错。学生们大为惊讶，纷纷赞叹服务员的记忆力超群，令人叹服。

吃完饭后，学生们纷纷离开，其中一个学生走到半路上发现自己忘了带大衣。无奈只好转身回原处找，但是东西早已经被收走，他们的位置上重新坐了一桌客人。学生找了半天都没有找到，突然想起之前那个拥有超强记忆力的服务生，想向他询问自己大衣的下落。

但是那个服务生只是一脸疑惑地看着他，说自己并没有见过他，也没有看到他的大衣，甚至不记得他坐在哪一桌，学生大为不解。问他刚刚怎么能够在没有纸笔的情况下，记住那么多菜。服务员解释道，他只需要把客人们点的菜记到菜上桌之时。

在这个故事中，服务员具有的超强记忆力就是“蔡氏效应”在作祟。“蔡氏效应”是指在目标没有完成之前，大脑会不断催促我们去完成任务，而任务一旦完成，大脑就不会再去催促我们关注这件事。

在餐厅里，既有菜已经上齐了的客人，也有菜没有上齐的客人。对于那些菜已经上齐了的客人，服务员不需要再花费精力去记住他们点的菜，而那些菜还没有上齐的客人就成了服务员重点关注的对象，服务员的大脑也不断提醒他，有一桌的菜还没有上。

因此，当我们想要养成某个习惯的时候，可以将该习惯列入我们的每日待办清单。这样，当我们跳过新习惯，去处理其他任务的时候，我们的大脑会一直向我们发出警报，提醒我们还有一件事情没有做。如果我们一直不去做，心里就会产生一种不安感，督促我们尽快处理，否则这种不安感将会伴我们入眠。

虽然是因为心中的不安和催促，才完成了习惯性行为，但是在这个过程中，人们的意志力也会一点一点得到加强。不过在运用“蔡氏效应”的时候，我们还要注意以下几点。

1. 将目标习惯列入待办清单。

正如之前所说的，我们需要将目标习惯也列入待办清单。如果人们只是口头上告诉自己，今天要做什么，如记账、阅读、跑步、冥想等，由于这些事情往往不需要占用太多的时间，也可以根据当日的任务情况随意调配，人们很容易在经历了一天的忙碌以后，忘记自己还有待执行的新习惯。此外，由于缺乏约束性和紧迫性，“蔡氏效应”也没有办法发挥作用。

2. 不断在脑海中重复。

将新习惯列入当日待办清单以后，我们还可以在完成一件任务以后，回顾一次自己的待办事项，加深对新习惯的印象。在大脑意识到新习惯一直没有被执行以后，也会催促大脑，花费一点精力和时间，完成活动。

3. 立刻开始行动。

当大脑一直在催促的时候，我们应该尽快采取行动，而不是一直克制心中的不安，去做别的事情。一旦我们连续一个星期没有执行新习惯，大脑也就不会再发送相关提示，而是主动忽略。

零态清爽：明确并处理自己的收集箱

在过去，交通通信业并不发达，娱乐项目也比较少，人们每天需要处理的事情并不多。因此，常常可以看到，某人坚持练习书法数十年，又或者有人十年如一日地练习绘画，技艺高超。随着现代科技的到来，人们每天生活中的选择比古人多得多，如我们可以随时随地和想联系的人面对面交流，可以去游乐场体验各种各样的娱乐设施，也可以在网上看自己喜欢的电影、画作、音乐剧，等等。

不过选择多变的同时，我们的大脑也面临着一个风险——大脑不自控地多点兴奋。换句话说，当你在做一件事情的时候，你会不自觉地想做另一件或多件事情，如刷淘宝、看网剧、翻看朋友圈等。我们无法集中注意力，坚持完成某项任务。

因此，如果你因为以上原因而没有坚持完成任务的话，不要过于责怪自己，只能说你还不会运用"零度清爽"原则，避免大脑不自控地多点兴奋。那么，"零度清爽"是什么意思呢？

小焦是某高校的老师，近期又碰到一年一度的研究生复试，从上午8点开始到下午6点，他的手机没有一刻不在振动，而且邮箱里的邮件已经多到用光了存储空间。担心错过重要邮件的小焦不得不着手处理这些邮件，并且将手机调至静音。

另一边，小焦作为一名新上任的辅导员，每天还要处理班级事务，留意学校和学院领导的消息，配合学院开展研究生复试。另外，为了尽快评上职称，小焦还得想办法筹备自己的科研项目。

事情多得令小焦都不知道如何是好，恨不得有三头六臂。为了妥善处理完眼前的工作，小焦将目前所有的工作进行了分类汇总，并根据事情的重要性和紧急性排序。

最后，小焦决定将大部分时间分给科研项目，随时关注院里的信息，在休息时间回复同学们发来的邮件。当任务安排明晰以后，小焦的情绪也稳定下来，工作也基本上得到了很好的解决。

大脑其实就像一个信箱，每天都会接到新的信件。如果我们不定期清理其中的信息，大脑就会达到承载极限。“零度清爽”所做的就是整理大脑中的信件，将其进行归类和收纳，减少大脑的压力，使大脑摆脱不必要的压力，坚持完成某项任务。

至于如何达到这种状态，我们可以将上述案例主人公的行为进行分解。

1. 设定判断标准。

在解决问题之前，我们可以根据自己的身份、工作需要，拟订一个判断标准，为待处理事项进行分类。将那些和工作相关，并且十分紧急的来信和来电放入“当天／立即”文件夹当中，标星处理；那些和工作有关的，但是并不紧急的待处理信息，则可以放入“近期／马上”文件夹；而那些和工作没有关系，但比较紧急的信息，则放入“今天／必须”文件夹；既和工作没关，也不紧急的，则放入“未来／或许”文件夹。

2. 避免那些所用时间不到两分钟的任务占用大脑存储空间。

如果待处理事项所需要花费的时间不到两分钟，就不要花费精力去记住这件事情，可以把它们记在一张便笺上，贴在一个自己随时可以看到的地方。

设计改变之轮：创造、保留、消除、接受

你写字的时候是左手拿笔，还是右手拿笔？你会在买完东西以后，立即把它们记在自己的账单上吗？你会每天睡觉之前，花一个小时坐在书桌前看书吗？你心情烦躁的时候，会不会下意识地摸出一根烟？

不管你有没有注意到，我们的生活被大大小小的习惯包围着，其中有好习惯，也有坏习惯，但是当我们想要利用意志力帮助自己改变坏习惯的时候，却往往没有办法判断，什么习惯对于我们而言是坏习惯。

有的人明明晚上的时候，注意力并不集中，但是他坚持认为晚上熬夜处理工作是一个职场人必备的素养，因此，他拒绝早睡早起。这类人往往通过各种理由，将自己的不合理行为合理化，很难自觉地去改变行为。但是改变却又需要我们对自己的行为有清晰、明确且正确的认识。

为此马歇尔·古德史密斯和他的伙伴马克·莱特尔，一起在他们的著作《自律力》当中，提出了“改变之轮”——创造、保留、消除和接受。

职员 A 还有一个月就要从自己奋斗一生的岗位上走下来了，他的同事都走来问他退休以后的计划。职员 A 想了想，说：“目前，我想完成年轻时的梦想，去学学国画。”

同事们听后，都纷纷表示祝贺，并说期待他的佳作。

两个月后，职员 A 彻底卸任。回到家中后，他如自己之前所说的，真的去报了一个国画班。起初，职员 A 学习国画并不顺心，因为他之前的工作不需要

长时间坐在一个地方，慢慢地做一件事情，他更多的时候是在四处走动，和他人联络。因此，论起聊天，他是一把好手。不过，职员A也没有就此放弃，他开始尝试让自己适应稍慢的生活状态，也开始想办法改掉之前遇事就急躁的性格。

画了三年国画以后，职员A在和他人聊天的时候，虽然不像以前一样遇事咋咋呼呼的，但是他的豪放之气依然难以掩盖，说话做事，依然大大咧咧的。虽然职员A有时会因此和别人置气，呛得别人直想揍他，但是慢慢地，他不再因为这件事情去和别人争论。

职员A从一个阶段进入另一个阶段，对自己的行为习惯进行了一番调整，不过他自己可能都没有意识到自己的转变之中包含着一个“改变之轮”。其主要步骤分解如下。

1. 创造。

指人们发挥自己的想象力，创造新的积极因素，成为自己想成为的人。

我们可以像职员A一样，学习国画，成为一名业余画家；可以学习书法，成为一名书法家；可以学习记账，理清楚自己的收支状况；也可以尝试培养自己深度思考的能力，做一个有独立意识的人。不管我们想要成为什么样的人，这种积极因素应当是我们曾经没有的，它能够将我们引向新的生活状态。

2. 保留。

指识别自身的好习惯，并加以保留。

我们除了可以创造新的好习惯，还需要保留之前的好习惯。就好比，我们不能因为有了一亩新的田地，就把之前能产粮食的地给扔了。

职员A离职之前，很擅长和他人交流，退休后，他也没有因为学习国画或者觉得和别人没有共同语言而不想出门，他依然保持着和他人交流的强烈欲望，热爱着生活。同样地，当我们遇到人生转折期的时候，也不要觉得保持之前的好习惯很麻烦，而放弃那些好习惯，想着培养新的好习惯。毕竟新习惯的形成和稳定，需要花费很长时间，而维持之前的好习惯只需要一点精力。

3. 消除。

指影响自己取得更高成就的消极因素。

在过往的生活当中，我们既会培养好习惯，也会在不自觉的情况下形成坏习惯。比如，不考虑自身的经济状况，盲目提前消费；在和人相处的过程中，对他人颐指气使；处理工作的过程中，克制不住自己的脾气，时常没来由地对身边的人发火……这些消极因素就像攫取土地营养，影响谷物生长的杂草，需要加以剔除。不然它们会在人际、财富、事业、情感等方方面面，影响我们的生命力和活力。

4. 接受。

指接受那些无法立即消除的坏习惯和消极因素。

就像职员A离职多年以后，依然很难改变自己的火暴脾气，而这也给他的生活带去了很多不便，但是性格使然，他只能慢慢地、一点一点地改变现下的状况。我们在日常生活当中，这样的情况也不少。我们时常会因为一些不可抗拒的因素，如性格、生存环境、所受教育程度等，做出一些令我们自己也很讨厌的行为。面对这些情况，我们可以暂缓改变行为的计划，可以从自己能够改变的事情做起，一点一点消除坏习惯的刺激因素。

纵然行为的改变并不容易，但是我们可以通过“改变之轮”，明确哪些是我们能够改变的，哪些是可以保留的，让我们的意志力做到有的放矢。

量化自我，利用数据成就更有意志力的自己

上学的时候，你有没有抱怨过学校的考试制度，月考、期中考试、期末考试、

小学升学考、中考、高考、研究生入学考试……感觉自己每隔一段时间就要考试。不过，抱怨完以后，你有没有思考过，我们为什么需要考试，有时候还需要评分、排名？

美国心理学家赫洛克做过一个实验，他将被试分成4个小组，每个小组在不同的环境中完成相同的任务。

第一组为激励组，每次工作后，实验者会对被试予以鼓励和表扬；

第二组为受训组，每次工作后，实验者会对被试存在的问题严加批评；

第三组为被忽视组，每次工作后，实验者不给予被试任何评价，只是让他们旁观前两组是受到批评还是表扬；

第四组为控制组，将他们和前三组隔离开来，且每次工作后实验者不给予被试任何评价。

结果发现，激励组的表现越来越好，学习热情高昂，而控制组的被试成绩最差，学生的主动性更低。

大脑在选择任务的时候，更加倾向于目标明确且有反馈的活动；反之，大脑就会抵触执行任务。激励组在执行任务的过程中，不断从实验者那里收到正向回馈，明确自身的变化，也就更加愿意执行实验者所布置的任务。相反，控制组看不到别人的变化，也看不到自己的变化，无法对执行任务的自己产生量的认识，学习热情自然也就不高。

因此，不管是上述实验，还是学校的考试制度，实际上都遵循着一种量化自我的原则，也就是一种反馈机制。执行者根据自己的量化结果，决定是否要坚持做某件事情。不过，在现实生活当中，没有人时时刻刻监督我们，并对我们进行评估，让我们看到自己的变化。但我们也可以通过问问题的方式，实现自我量化，增强自己的意志力。

这里，我们可以将以下六个问题作为模板，进行参考，对自己进行发问。

1. 我今天是否尽最大努力去设定明确目标了？

2. 我今天是否尽最大努力构建良好的人际关系了？

3. 我今天是否尽最大努力全身心投入工作和生活了？

4. 我今天是否尽最大努力去实现我的目标了？

5. 我今天是否尽最大努力寻求人生意义了？

6. 我今天是否尽最大努力追求快乐了？

在某些情况下，提问者可以根据自己的具体目标进行发问，如“我今天是否尽最大的努力去明确，为了早睡早起，我应该做什么”。如果回答为“是”，那么可以进一步向下追问自己，“我今天应该做什么去实现早睡早起”。

我们在使用问答法的时候，可以在做完一件事情以后就问自己，迅速获取反馈，并加以改善。也可以每天、每月、每年问一次，但是后者更适用于总结习惯所带来的变化，增强动力，激励自己，培养意志力。

自律利器：反馈环与诱因矩阵

经济学和管理学领域有一个概念叫作“反馈环”，指投资者听到分析师热情地赞扬股市的行情，乐观地看待股市中的现象，导致众多投资者正向购买，进入股市，抬高股价。而股价的提升，又会吸引一大批投资者购买。如此就形成了一个正向的反馈环；反之，则形成负向的反馈环。

后来，心理学家将其引入心理学领域，应用于自律能力的培养当中来，并将其分为四个节点——证据、关联、推论和行动。我们可以通过设置这四个节点，让自己变得更加自律。

小A之前的成绩并不好，但是他依然想要好好努力一把，想提高成绩，考个好大学。

妈妈知道他的想法后，给他买了一本某老师编的辅导书，辅助他学习。在辅导书的导语当中，作者提到过一个学习方法——串联知识点，实现高效记忆。小A觉得大受启发，可以一试。

在之后的学习过程中，小A感觉自己领悟到了和之前不一样的感觉。比如，在看知识点的过程中，他能够不自觉地把握各个知识点当中的内在联系，通过这些内在联系，小A记忆知识点的速度大大提高，并且极少出现遗忘的现象。

在新一次的期末考试中，小A的成绩确实进步了不少。看到自己的努力得到了回报，小A觉得通过知识点中的联系，记忆知识点的方法是有效的。因此，小A开始将这一方法贯穿到他所有的学习过程当中。

在这个过程中，小A发现串联记忆是“关联”，成绩有所提高是“证据”，根据以上信息，小A得出“推论”——串联知识能够提高成绩，是正确的学习方法。于是，他立刻采取“行动”，将这一学习方法贯彻到自己的日常生活当中，从而实现了学习自律。

所以自律的关键是在行为和积极性结果之间，搭建正向反馈环，利用一个一个的小成功激励自己更加努力，形成一种自发性行为。我们再将反馈环进行简化，可以发现它实际上就是一个观察—反应—观察的循环。在观察环节，我们是在接受外界的刺激，也可以说是引发行为的诱因，之后才做出反应。

根据不同的标准进行划分，诱因可以分为直接诱因和间接诱因，内部诱因和外部诱因，无益诱因和有益诱因，可预见诱因和不可预见诱因，激励诱因和挫败诱因，积极诱因和消极诱因。虽然诱因的种类繁多，并且有正向也有负向，但并不是所有的人都会对正向诱因做出积极反应，对负向诱因做出消极反应。也就是说，在相同诱因的作用下，有些人能够搭建正向反馈环，有些人只能形成负向反馈环。这是因为，在反馈环之外，还存在一个根据需要和想要之间的关系划分的诱因矩阵。

当诱因对行为人来说，是他需要且想要的，那么他就会做出积极反应。以努力学习为例，某学生想要提高成绩，因此当他发现理解知识能够让成绩提高的时候，他会努力理解更多的知识，而理解更多的知识，成绩就会更好，如此，形成一个正向的反馈环。

当诱因对行为人来说，是他需要但不想要的，那么在习惯培养的过程当中，他更多的是依靠自控，既可能产生好结果，也可能就此放弃。

当诱因对行为人来说，是他不需要但想要的，那么在培养习惯的过程中，他很可能被其他诱惑所吸引，背离最初的目标。

当诱因对行为人来说，是他不需要也不想要的，那么大脑会促使他不做出任何反应。

因此，要想做到自律，先要找到自己既想要又需要的事作为诱因，形成正向反馈环，引导自己自觉地执行习惯行为。

驱动意志力，完成从自控到自律的跨越

从前，有一位父亲非常喜欢吃甜食，年轻的时候，他一个人就能够吃下大半块奶油蛋糕，也不觉得腻。年纪大了以后，甜食却成了他的一个“雷区”，他必须时时刻刻告诫自己少吃一点甜食，不然容易得糖尿病，也消化不了。为此，

他每天都尽量避开街边的蛋糕店，如果不得不路过，就飞快地走过去，绝不多停留一秒。

时间一长，他自己都觉得生活没意思，整天愁眉苦脸的。

女儿见他这样，给他出了个主意，说："你不是喜欢喝茶嘛，每次想吃蛋糕的时候，就喝口茶。"

父亲觉得这是个好办法，每次他想吃甜食的时候，就喝一口茶，当作自己在品尝美味的甜点。慢慢地，父亲对于甜食的渴望没有那么强烈了，也不需要再拼命压制自己想吃甜食的欲望了。

上文中，父亲不管是在改变之前，还是改变之后，都成功地抵制住了甜食的诱惑。不过不同的是，当父亲在压抑自己对甜食的渴望时，是在自控；但当他能够自觉地喝茶，而不是拼命压制自己吃甜食的欲望时，他走向了自律。

虽然自控和自律都能够帮助人们改变旧习惯，培养新习惯，但是如果一味地通过自控实现目标，在某种程度上会消磨人的意志力，并且这样维持的新习惯很容易被打破。相反，通过自律实现改变，不但更容易，还会反哺意志力，让人更有成就感，也更愉悦。

不过，在最开始培养新习惯的时候，人们通常处在自控状态。那么，我们应该如何从自控状态跨越到自律状态呢？这就需要驱动意志力帮助我们实现了，具体操作流程如下。

1. 设置一条合理的底线，并驱动意志力控制自己不越过底线。

比如，你想要养成每天写作的习惯，那么你就可以要求自己每天最起码写100字，有了底线以后，你就必须严格遵守。

2. 将大部分意志力放在正向的事情上。

比如，你想要减肥，那么就不要将意志力放在"如何克制自己不要吃东西"

上，而应该放在“今天我想去健身房”上。前者是被动的、消极的，带有压制色彩的任务，后者则相反，更容易激发执行者的参与性。

3. 专注于有益于自己自律的事情。

心理学家认为，专注是人们在面对内在冲动和外在诱惑时自律的表现。因为，当人们集中注意力去做一件事情的时候，无暇顾及自己是否应该不去做某件事情。

CHAPTER 07

第七章

颠覆学习，让习惯成为进步的“捷径”

做到“可迁移”，任何学问都能轻松上手

当机器能够写新闻稿的时候，这个社会还需要那么多的记者吗？当机器能够代替人工完成流水线上的工作时，这个社会还需要多少工人呢？这是一个信息不断更迭的时代，也是一个行业不断更新的时代，科技每进步一点，也许你在行业内的存在价值就降低一点。如果有一天，你所在的领域不再需要你这种类型的生产者时，你该何去何从呢？从零开始，重新学一门知识吗？那之前在行业内积累的知识和经验怎么办呢？

事实上，知识并不是一次性用品，而是一种可循环用品，它适用于某一种场合。但是经过加工和改造以后，知识又可以在新的场合内起作用，这就是知识的“可迁移性”。知识并不是只能在某一个领域才能够奏效，不同类型的知识也可以相互迁移，有些是知识面上有所重合，有些则是基本的思维逻辑大体相似。

不管怎样，在进行知识迁移的时候，我们大体受到以下几个方面的影响。

1. 知识的相似性。

知识的相似性主要体现在两个方面，即理论上的相似和方法上的相似。理论上的相似主要体现在知识点之间，思维方式的类似，如将鸟类飞行的原理运用到人的身上并加以改进，就创造出了飞机。

方法上的相似，则侧重于两者之间的操作流程存在一定的重叠，如一个人学会了骑自行车，那么很快他就可以学会骑电动车。

2. 原有的认知结构。

当两者认知结构相似时，可以实现知识迁移。打个比方，小 A 原本是网络小说创作者，后来他打算转行，成为专职漫画编剧。小说创作者和编剧从本质上来讲都是故事的创作者，其目的都是要创作出一个完整的好故事，他之前为了创作小说而积累的知识框架，一样可以运用到漫画剧本创作上来。但是如果两者之间的认知结构存在巨大差异的话，则没有办法实现迁移，就像没有办法让一个厨师瞬间学会唱戏一样。也就是说，专业性越强，实现迁移的可能性越低。

3. 外界的提示。

有时候，知识的迁移并不是完全自主自动的，还需要依赖一定的外界提示，可能是人也可能是物，还可能是某种自然现象。举个例子，蝙蝠是夜行动物，但是它的夜视能力并不好，为了方便出行，蝙蝠会发出人耳听不见的高频声波——超声波，超声波触壁反弹后，蝙蝠感受到被反弹回来的声波就可以有效避开障碍物。科学家发现蝙蝠的飞行原理后大受启发，发明了雷达，用于解决飞机夜间飞行的问题。

4. 心向或定式。

心向又称定式，指坚持运用之前已经被证明有效的方法，去解决新问题的心理倾向。换言之，新问题的解决办法和之前遇到的某类问题的解决办法相类似。比如，你的老师让你帮忙，将图书馆内的心理类的书籍登记入库，那么下一次他让你将文学类的书籍登记入库，你就可以采取和上一次相类似的办法，或者一样的办法。

不过不管是受到哪种因素的影响，在进行知识迁移的过程中，切忌生搬硬套。比如，你买 A 产品的业绩很好，但是并不意味着你可以将买 A 产品的方法完全套用到 B 产品上。要根据具体情况，合理进行知识迁移。

搜索、筛选、管理，不断提升学习效率

在生活中，你有没有这样的经历，想要搜索某资料，但是搜索到的都是一些用处不大的东西。你去问朋友，他却能迅速找到相关资料，并把链接发给你。

诺贝尔物理学奖得主杨振宁在学习的过程中有一套自己的法子，他管这叫“渗透”读书法。杨振宁先生喜欢从自己喜欢的领域和书籍开始着手，根据自己的需要选择相应的书籍。

平时读书的时候，杨振宁先生也不是读一本书，就只学那一本书的知识；研究一个课题的时候，也不是只管那个课题所涉及的领域。他认为知识和知识之间是相互联通的，掌握知识的方法也是相互适用的。因此，杨振宁先生常常在研究某一个课题或读某一本书的时候，有意识地去了解相似的领域或书籍。如果有暂时弄不懂的知识，杨振宁先生也不会太过执着，只是拿一个本子，将它记录下来。

杨振宁先生在选择书籍和研究领域的时候，以兴趣为线索进行搜索，然后以自身情况为依据进行筛选。通过这种方法，杨振宁先生脑海中的知识相互关联，一环扣着一环，知识的有序性极高。杨振宁先生的读书方法虽然看起来简单，但是操作起来并不容易，这需要极大的耐心和活泛的思维。不过，我们可以学习这种方法。

在互联网发达的今天，高效地搜索、筛选、管理新知识和信息，可以帮助我们提高学习效率。

1. 使用关键词进行搜索。

我们在搜索引擎当中输入问题，能够迅速得到相关结果，是因为搜索引擎早已经根据索引，即关键词，对信息进行整合了。所以不管是百度、谷歌、必应，或者其他搜索引擎，它们都不会直接就你的问题给出明确的、唯一的正确答案，而是根据你的关键词去匹配相应的回答。因此，能否输入正确的关键词将会影响到你的检索结果。

这里所说的“正确”，不仅包括没有错别字，还包括关键词的准确程度。关键词并不是你需要搜索的内容中的随便一个词语，而是整篇内容的核心，要具有明确的指向性。打个比方，如果你想了解阿拉斯加犬的生活习性，那么你就需要在搜索框中输入“阿拉斯加犬”和“习性”，而不是“狗”和“习性”。

如果你对自己想要检索的内容只有一个模糊的了解，那么你可以先将自己能想到的部分输入进去，然后根据弹出的检索结果进一步明确关键词。

2. 将新获取的信息整合在一起。

当我们想到关键词以后，还需要在脑海中快速生成一个框架，提醒自己需要哪些信息。当我们得到相关搜索结果以后，也不要急着逐个查看，可以先大体浏览一遍，然后将你认为有效的网页打开，浏览完毕后，也不要急着关闭，可以创建一个 Word 文档，将工作时可能需要的信息复制粘贴在文档上面，并备注好用途及网址，以备不时之需。

多重阅读，用更少的时间吸收书籍的精华

你一般多久阅读一次？一次阅读多久？一本书阅读多少遍？将书阅读完一遍后，书上的内容还记得多少？或者说，你能不能在读完一本书以后，用一句话把

这本书的内容概括出来?

有的学生每天都坚持学习10个小时以上，并将课本从头到尾，反复看了很多遍，书的封皮都变得破烂不堪，但是他们最后的成绩并没有和他们的付出成正比，甚至比一天只学8个小时的人还差。

虽然，古语有云："书读百遍，其义自见。"反复阅读确实能够加深我们对内容的印象，增加我们对书本的理解，但是反复阅读并不只是将书从头到尾重复看好几遍，而是需要讲究一定的方法和技巧，用更少的时间吸收书籍的精华。

苏轼是北宋中期文坛领袖，唐宋八大家之一，在诗、词、散文、书、画等方面取得了很高的成就。当时欧阳修读到他的文章，都忍不住赞叹一句"吾当避此人出一头地"。

文学素养深厚的苏轼也有一套自己的读书方法，名为"八面受敌法"。苏轼认为，少年在求学的时候，每一本书都应当多读几遍，毕竟书本中的知识浩如烟海，种类庞杂，只读一遍是不能够深入掌握书籍的精髓的。但是人的精力十分有限，只能掌握自己想要了解的那一部分。比如，想要了解古今中外，圣人和贤达智者在一个国家的存亡兴衰中起着怎样的作用，那么在阅读某本书籍的时候，就要集中精神寻求相关解答。

因此，在读书的时候，每次搞懂一个问题就够了。这个方法虽然愚钝，但是长此以往，所获得的也比粗浅涉猎的人要强得多。

苏轼的"八面受敌法"究其本质上来说，是一种多重阅读。我们可以看到一本好书，尤其是经过时间检验的经典，其内涵必然不是一眼就可以穷尽的，而是逐层展开，站在不同的角度审视，能够得到不同的感悟。

我们不妨将多重阅读法，分为四个步骤。

1. 明确目的。

我们在阅读书籍的时候，并不是完全被动的，作者写什么，我们就从头到尾将它们看完，然后存储到自己的大脑中。我们也是具有主观能动性的，我们可以根据自己想要了解的内容，去选择阅读什么样的书籍以及怎样阅读书籍。

举个例子，我们想要了解司马迁如何讲述陈涉起义的故事，那么我们可以看《史记》，但是我们没有必要将《史记》通读一遍，只需要找出《陈涉世家》这篇文章即可。如果我们意外获得一本书，我们也不需要急着把书翻开通读，可以先看看书籍的名字，然后根据书籍的名字猜测其内容以及自己能够从中了解到什么。

2. 画出框架。

当我们明确了阅读目的以后，可以翻到书籍的目录和导读。然后在脑海中，根据目录勾画出一个大致框架，类似于制作一个思维导图。通过框架，你可以了解该书大概分为几个部分，每个部分又包括多少小节，每小节想向我们阐述什么，方便后期进行理解记忆。

3. 变速阅读。

在进行多重阅读时，我们每一遍的阅读速度其实是有差异的。比如，伍德福德和莱茨共同编著的《剑桥艺术史》一共有八册，每一册所涉及的艺术家、艺术作品多如牛毛，如果一口气从头读到尾，那么按照人类记忆的特点，你只能记住开头一部分内容和结尾一部分内容，你所花费的时间也就浪费了大半。

事实上，面对与阅读目的无关的部分，我们大可以直接跳过。而那些我们已经十分熟悉的内容，往往只需要快速浏览一遍，加深印象即可。如果碰到不熟悉的内容，我们可以放慢速度，仔细阅读，直至消化吸收。如果是那些我们不熟悉且难以读懂的部分，则可以沉下心来多读几遍，反复揣摩其中的深意。

4. 重点精读。

这一步其实是上一步的延续，将那些不熟悉且难以理解的内容反复揣摩，运用自己的语言加以概括，融入自己的知识体系当中。

以上多重阅读的方法，不仅在于了解，还在于实践，学而不用，知识永远都不能转化为自己的。

摆脱“不求甚解”，在理解的基础上深度掌握

为了应对考试，市面上有很多流行的记忆方法很有效果。这些方法能够帮助我们迅速记住一篇文章、一个知识点、一份资料，但是在顺利通过检查以后，这些知识又会奇迹般地从我们的脑海中消失。朋友前来讨教，你可能要思索半天，仿佛自己从未学过。或者，知识依然在你的头脑中，但是你不知道如何将它们运用到其他情境中，不能做到举一反三。这样的记忆，在应付完考试以后，还有什么意义呢？

美籍匈牙利数学家波利亚说过：“学习任何知识的最佳途径是由自己去发现，因为这种发现理解最深，也最容易掌握其中的规律、性质和联系。”每个人的学习能力不同，我们不必都靠自己去探索，但是在记忆知识之前，我们需要理解知识，在理解的基础上进行深度掌握。

从前有个人酷爱读书，每逢看书，都要大声将书中的内容念出来，但他只是从头到尾念一遍，从来不会动脑筋思考书中的道理。

一天，朋友邀请他参加聚会，他欣然前往。大家正聊到兴头上，突然，一位客人感慨道：“世上难得有两全其美的事情。好比，吃梨对牙齿好，但是吃多了伤胃；吃枣子有助于脾胃，可惜吃多了会伤害到牙齿。”大家听后，不禁沉思，觉得很有道理。

那个爱读书的人，为了卖弄自己的聪明，站出来高声说道：“这个简单嘛！怕伤胃，那么吃梨子的时候就不要咽下果肉。要保护牙齿，那么就把枣子整个吞下去！”

那人说到这儿，神情激昂，看到桌上恰好有一盘大枣，登时拿起一个放在嘴里，要给大家示范一番。大家怕他噎到，连忙劝阻，让他千万别直接吞下去。

故事中这个爱读书的人不管是读书，还是听他人说话，都是只对字面意思进行部分理解，而没有完全厘清字与字、句与句之间的逻辑关系。在一知半解的情况下进行知识记忆，不但无法达到良好的效果，还有可能像故事中的主人公一样，明明自己掌握了正确的知识，但是由于理解偏差，闹了个大笑话。

那么应该如何理解知识，才能进一步掌握知识呢？美国当代著名教育家和心理学家布鲁姆将知识分为四大类，分别是事实性知识、概念性知识、程序性知识和元认知知识。不同的知识，其理解方式有所不同。

1. 事实性知识。

事实性知识是指分离的、孤立的、“信息片段”形式的知识。比如，秦始皇统一六国的过程，十字军东征、安史之乱，等等。对于事实性知识，我们可以提取核心要素，即谁、什么时候、在哪里、干了什么、如何做的、为什么、影响如何。所以，学习事实性知识的关键就是考验你是否能够快速记忆，并且将知识牢牢地印刻在脑海中。

2. 概念性知识。

概念性知识是以结构化的形式组织起来的知识，包括一般的名词概念、模型、原理、原则和理论，如人工智能、高峰体验、现代主义的定义，等等。

概念性知识的定义一般不会过长，但这也并不意味着这类型的知识不需要进行理解，可以死记硬背。恰恰相反，这种类型的知识相比于事实性知识更需要理解。下面让我们以印象派为例，进行说明。

首先，我们应该思考印象派的来龙去脉，或者它出现的时代背景。同时，我们还应当将印象派和同时期其他流派进行比对，使得知识之间产生联系，如印象派与现实主义之间的联系与区别。最后，思考印象派的概念能够用在哪些场合，不能用在哪些场合，灵活运用知识。

3. 程序性知识。

程序性知识是关于如何做某事的知识，通常表现为行为步骤，如制作巧克力、报纸印刷、组装芯片，等等。记忆这一类型的知识，关键在于重复加理解。比如，在熟悉某一公司的宣发流程时，我们不仅要记住在每个流程中我们需要做什么，还应当思考为什么要这样做。如果以后更换公司，我们也能够快速掌握新公司的宣发流程。

4. 元认知知识。

元认知知识是关于如何开发、掌握、运用、提高底层能力的知识，如高效沟通的知识、有关学习的知识、心理知识，等等。这一类型的知识主要通过自我反思、调整的过程加以领悟和理解。

在理解的基础上掌握知识，其本质上是为后期运用知识打下基础。而理解的技巧，是要在反复练习中，逐渐内化为自己的技能，形成习惯。

高效记忆，发挥大脑的无穷潜力

信息输入大脑以后，大脑并不像计算机一样，可以一键永久储存这些知识，直到内存不够或者你主动将其删除。与此相反，信息输入大脑后，遗忘也就随之开始了。今天你记忆深刻的知识点，也许在三天后就对它毫无印象，甚至你当下记住的东西，一个小时后再回过头来看，就已经印象模糊了。

德国心理学家艾宾浩斯选用了一些没有意义的音节，进行毫无规律的组合，最后得到了一些单词，如 XIQ、ZEH、GUB……这些无意义音节不会唤起意义联想，只能作为记忆材料。

艾宾浩斯规定自己在实验期间必须严格控制作息，防止其他生理因素对实验产生影响。在背诵的过程中，他采用同样的语气、语调，避免通过情境记忆音节。背完一段之后，休息 15 秒防止疲惫。除了重复记忆以外，他不使用任何其他的记忆技巧。

在严格要求自己的情况下，艾宾浩斯记录下自己的记忆情况。他惊奇地发现，刚刚开始记忆资料的时候，遗忘的速度很快。

在不复习的情况下，刚开始的时候，艾宾浩斯能够记住所有的资料。但是 20 分钟过去以后，他只记得 58%，一天之后，还记得 33%，一个月过去以后，就只记得 21%。随着时间的推移，他的遗忘速度会降低，而他所记得的信息会维持在一个稳定的水平。

大脑对知识的记忆并不是瞬间的，也不是毫无规律的。相比无意义的音节，大脑更愿意记忆有意义的散文和诗歌，而节奏感、韵律感更强的诗歌又比散文更容易被大脑记住。

在记忆的过程中，大脑对信息和知识的记忆，呈现出 8 个节点，即 5 分钟、30 分钟、12 小时、第一天、第二天、第四天、第七天、第十五天，每当节点到来以后，之前记忆的知识就会流失一部分。

虽然记忆是一个记了忘，忘了背，背了再忘的循环，但这并不意味着我们只能机械地重复背诵的动作，我们可以根据大脑的特性，进行高效记忆。接下来，我们将学习三个记忆窍门，实现高效记忆。

1. 关键词记忆。

关键词是一句话或一段话的核心和灵魂，整理清楚该段话和关键词之间的关系以后，就可以通过回忆关键词，联想该段话的意思。

2. 口诀记忆。

大脑喜欢有规律、有节奏感的东西，因此，我们在记忆篇幅较长的知识时，可以将其转化为朗朗上口的口诀，帮助我们记忆。

3. 意义联想。

我们对一件物品长久的喜爱，可能并不仅仅是因为它的外观让你感到愉悦，更多时候，是其中所蕴含的寓意和意义，让我们久久不能忘怀。

我们对知识的记忆过程，也是一样的。比如，在记忆有因果关系的句子时，我们通常可以根据原因推导结果，节约记忆的时间。但是两句毫无关系的话，则只能强制记忆。

在现实生活中，我们所要记忆的东西，大多数并不是靠死记硬背的东西，而是需要理解的东西。我们要理解词与词、句与句、段与段之间的关系，去体悟这种连接所产生的意义。

注重积累，让每一次学习都充分沉淀

在高中的时候，老师要求背书的时候，有两类学生。一类学生一句一句地重复读，直到将整篇文章都背下来为止；另一类学生则背一句，理解一句，背完一段后，还要重新梳理一遍该段中句与句之间的联系，梳理完毕以后，才继续背下一段。

这两类学生都接收到了外界传递过来的信息和知识，但是这两类学生对知识的运用能力完全不同，第二类学生往往要优于第一类学生。为什么呢？这是因为虽然两类学生都进行了知识积累，但是第一类学生没有进行充分的吸收和沉淀。

知名演员小陈和很多演员一样，都是从一个个小角色开始演起的。不过，即便只是个跑龙套的角色，有时候甚至连一句台词也没有，小陈也会认真揣摩角色的心理，用他自己的话来说，就是“对戏，要认真”。

为了演好某个角色，小陈查阅了大量资料，专门拜访了历史学家，了解当时的情况。后来，为了出演某个生活在民国时期的上海弄堂里的人，小陈更是苦练上海话，天天穿着长衫在家里走来走去，思索主人公的心理活动。

正是通过这一步步的积累，才促使小陈逐渐锤炼出非同一般的演技。

知识和信息的沉淀有两种基本状态：一种是知识仓库，就像一个粮仓一样，将所有“大米”都堆积在这里，进行保管；另一种是知识体系，它并不仅仅储存大米，而且会将“大米”进行加工，变成我们可以消化的“食物”。显然，小陈属于后者。他出演的角色也许并不是最多的，但是他把每一个角色都吃透、吃通，将这些内化了的角色信息储藏在大脑中，变成可食用的“粮食”，指导他的工作和生活。

演戏是这样，学习也是如此。

书并不是读得越多越好，而是越精越好，精细代表你吸收了，知识沉淀下来了。那么，我们应该如何在积累的过程当中沉淀知识呢？

1. 收藏技巧。

在信息时代，我们常常可以看到有用的信息和知识，但是又没有办法吸收所有的知识。这时，人们往往会通过一些手段，将知识源收藏起来，如复制粘贴网址、微信收藏功能、笔记软件，等等。这些现代化工具是很有用的，方便我们后期查找知识。不过，在收藏的过程中，我们要时刻谨记不要进行盲目无脑的收藏。

比如，我们看到一个学习视频，点开看了两分钟，觉得讲得不错，以后可能会用上，就放进收藏夹，等过一段时间有空再看。但是，也许过了一个月，你都没有再看，而你放进收藏夹的视频就像被扛进仓库，随意放置的大米，用不完的大米只能等待腐败。因此，在收藏之前，请先认真地学习你想收藏的知识和信息，吸收完后按照一定的标准，进行分类存放。

2. 笔记技巧。

如果你是在纸制书本上书写笔记，可以使用不同颜色的笔，以关键词的形式，将你的思考和疑问写在旁边。如果你使用的是专门的笔记软件，则最好在你的思考旁边备注上书名和页码，或者截图。

3. 组织技巧。

这一板块更加注重内在知识体系框架的建立，看重我们如何对知识进行分类、对比、联想。比如，在看讲述欧洲不同时期艺术流派的书籍时，我们可以按照时间顺序进行梳理，即古希腊、古罗马、中世纪、文艺复兴，等等。通过找到知识与知识之间的关系，减少记忆的负担，加速吸收，沉淀知识。

检验知识，在实践的过程中真正内化知识

在某市的一所中学内，曾进行过这样一组实验。实验人员将该中学二年级的学生分成两组，并给他们上科学课。课后，实验人员要求其中一组学生做小测验，另一组学生则只需要将知识点反复看三遍即可。一段时间过去后，学校为了考察学生的学习情况，进行了一次科学月考，其中做过小测验的学生的平

均成绩，要高于只是将知识点看了三遍的学生。

接着，实验人员又做了一次实验。这次，他们将学生分成了三组，并给他们讲了一个故事，在这个故事当中，涉及多个实验名称。故事讲完后，实验人员对第一组学生不做任何要求，但要求第二组学生做一次小测验，要求第三组学生每隔两天做一次测验，总共做三次。

一周过后，学校对学生进行考察，发现第一组学生只记住了故事中28%的内容，第二组学生记住了39%的内容，第三组学生则记住了53%的内容。

通过这个实验，我们可以发现，只是反复看一个知识点，并不能帮助我们实现有效记忆，相反，它还会给我们制造一种记忆错觉。举个例子，当我们不停地读一首古诗的时候，往往看着书上的一个字，就能够想到后面的所有内容，但是一合上书，就一个字也想不起来了。

这是因为，当我们重复看某个知识点时，我们的大脑出现了短时记忆，使得我们在不需要花费太多精力的情况下，流畅地读完知识点。但是，此时，我们的大脑基本处于无意识状态，如果我们突然停下来，回忆自己之前读了什么，我们的大脑很可能会反应不过来。

不过，在上述实验中，测验，也就是考试，可以帮助学生们很好地克服这一问题。虽然很多人可能并不喜欢考试或测验，但它们无疑是检验你对知识掌握程度的最好方式，并且在检测过程中，你也会进一步加深对知识的理解和记忆。

正如彼得·布朗在《认知天性》中所指出的：“你越是愿意在那里耗着，花时间和精力去回想，哪怕最后想不起来，这个艰苦卓绝的过程也能帮助你更好地记忆并理解知识点。”

因此，我们在学习知识的时候，可以给自己安排一个小测验，帮助自己进一步内化知识，而不是进行短时间的机械记忆。比如，在学习画几何体素描时，在了解了基本的素描知识以后，请迅速对这些知识展开运用，如果你只是大概记得这个知识点在书中的哪个位置的话，那么你可能永远都不能学会素描。不过，在这个过程中，我们还需要注意以下两点。

1. 一次测验并不能达到永久记忆的效果，还需要多次反复进行测验。

例如，上学时，我们背诵了很多诗歌，因为这些诗歌经常会被考到，所以我们记得很牢。但是当高考结束之后，我们再也没有碰到过相关的练习，那么久而久之，也会慢慢地遗忘这些诗歌。因此，对知识的运用和检测，应当是多次反复的。

2. 所学知识应当和测验相关。

如果你学习的是结构素描的知识，但是测验的时候，却一门心思放在色彩的搭配上，那么是无法通过测验加深对知识点的记忆和理解的。

CHAPTER 08

第八章

变革工作，像精英一样高效运作

保持“从零开始”，找出最佳的解决方法

你的上司让你去完成一项任务，如查库存、举办一场新闻发布会、准备一份演讲稿、编辑一条店庆文案，你按照老板的吩咐，参考前辈们的处理方案开始着手处理。你连续加班了三天，但老板只是扫了一眼你的方案，就让你重做一份。为此，你愤愤不平，认为老板没有认真看。但事实上，真的是如此吗？在完成任务之前，你有没有想过，你的老板为什么让你做这件事情呢？

一些问题没有处理好，可能并不是因为速度不够快，反而可能是因为速度太快了，快到你没有时间“从零开始”思考。不知道领导安排自己做这件事情的目的，自然无法得到让对方满意的结果。

扎克伯格从小就很喜欢软件编程，在这方面也十分有天赋。

2004年，扎克伯格和朋友在哈佛大学的寝室里，用一个星期创建了网站——脸书（Facebook）。最初，Facebook只服务于哈佛大学的学生，两个月后，逐渐扩大到波士顿地区的其他高校以及常春藤名校。

到了第二年，在全球范围内，越来越多的高校学生加入进来。到最后，Facebook开始建立起非大学生的社会网络，进一步扩展用户群体。

2010年，Facebook超越微软，夺下了世界品牌500强的魁首，是美国排名第一的照片分享站点。

后来有人问他为什么要创建Facebook，他坦言道，那时候互联网上虽然有各种各样的网站，通过这些网站，你差不多可以找到你想要的所有东西，如音乐、小说、游戏、新闻、电影，甚至还可以买东西，但是没有网站能够帮助我们找到自己想找的人。

扎克伯格喜欢软件设计，也喜欢制作软件，但他并没有想到什么就做什么，而是回到“零点”。他不问自己为什么要做某款软件，而是问受众，他们为什么需要这款软件。然后根据这个问题的回答，再去进一步收集更多的相关资料。运用之前学习的框架思维，我们可以将扎克伯格初期的创业思路加以简化，如下：想要创建一个网站—为什么创建—互联网是一个相互联系的大网，人们需要联系—人与物的联系基本得到满足—人与人之间的联系较为薄弱—创建一个社交服务站点。因此，“零点”即原点，是从事物的根本出发，追问为什么要这样做。

将“零点”思维运用到日常工作中，我们的思维图示就可以表现为：接到一项任务—他们为什么需要我做这一项任务—着手解决问题。我们再将其具体化，让你能够运用“零点”思维模式，去解决生活中各种各样的问题。

1. 根据以往的处理情况，分析任务。

在日常工作当中，有时候上司布置的任务非常明确，有时候却看似明确，实则模糊。面对第一类问题，我们通常直接按照上司说的，着手开始处理即可。而在面对第二类问题时，我们应当先了解情况，思考为什么上司需要我们去做这件事情。

举个例子，上司让员工整理前三季度的库存数据。这个任务看似简单，只需要把数据表打印出来，交给上司就可以了。但如果是这样的话，他为什么不自己在线查看呢？是因为他没有时间吗？那如何确定面对庞杂的数据，他就有时间一个一个核对呢？所以，上司并不只是想要单纯的数据，而是需要你经过分析和组织的数据。

2. 着手开始处理。

了解到上司为什么要求我们去做这件事情以后，就可以着手开始处理了。在这一步，我们依然需要做大量的相关调查，提前明晰表达重点。

3. 材料中，重点突出任务需求。

在最后的成品当中，我们还需要学会重点突出，详略得当。比如，上司想要知道库房进出是否有异常数据，那么在最后的数据报告当中，应当重点突出这一部分。不过，我们也不应当将其他相关数据全部删除，如果上司还想看其他数据，但是又找不到的话，那么我们只能再做一份，这就无端增加了工作量。

金字塔原理：用结构化思维分析问题

麦肯锡公司是由美国芝加哥大学商学院教授詹姆斯·麦肯锡在 1926 年创立的咨询公司，是全球首屈一指的国际性企业，其企业文化被各国公司争相模仿。

在麦肯锡公司中，有这样一条要求——员工需要通过 SCQ 框架对问题进行透彻的分析，并据此组织相关的材料和观点。其中，S 代表 Situation（状态），是问题所指对象的当前状况。C 代表 Complication（困难），指立足长远，思考问题所指对象在今后的发展过程中可能会面临的影响因素。Q 代表 Key Question（核心问题），指联合当前状况和后期发展，得出当前需要解决的核心问题。SCQ 框架运用的是一种结构化思维，由表象开始，逐层对问题进行分解。

当然，这种方法也可以运用到我们的日常工作当中。具体操作如下。

1. 调查任务对象。

在拟订解决方案之前，我们需要了解目标任务的相关情况，这样才能够制定出合理的解决措施。

比如，上司突然让员工着手运营一个公司的视频账号，树立企业形象。这时，我们就应当着手调查相关资料，厘清公司近年来的对外形象、当前相关平台的视频类型、同类型公司的视频号状况、公司的特色等。如果不考虑公司本身的状况，而是哪类视频火就做哪类，那么就要面临后期频繁更换视频类型的风险。

2. 头脑风暴，思考所要解决的相关问题。

找到解决问题的角度以后，我们就可以对问题进行长远考虑。因为我们并不仅仅是要解决当下的问题，还需要考虑问题解决以后，目标对象的发展会遇到什么样的负面影响因素。

比如，经过调查，公司决定结合自身特性，准备运营一个以影视混剪为主要内容，以幽默为特色的视频号。确定好基调以后，员工不仅要考虑当前的视频如何创建，还要考虑后期如何吸纳更多粉丝并维护粉丝数量。

3. 找出影响任务完成度的核心问题，并提出解决办法。

了解了基本情况以后，我们就需要以我们的目标效果为依据，找到目前需要解决的核心问题，并提出解决方案。

比如，想要当一个能与受众共情的视频号，那么我们需要考虑的核心问题就是，哪一类内容题材或如何表述，才能够与受众产生情感共鸣。

4. 运用金字塔结构，传达思考结果。

分析完问题以后，我们需要运用结构化思维将思考结果呈现出来，以大量的相关事实材料为依据，根据事实引出之前经过分析以后得出的核心问题，最后提供解决方案。

在叙述的过程中，应当尽量避免不相关的材料和无意义的解释说明，做到言简意赅，层次分明。

摒弃肤浅，对每一项活动的深度进行定量分析

同事A每天花大量的时间在公司里，忙各种各样的事情，回到家后都疲惫不堪。但是一年过去以后，同事A却没有精通任何一项新技能。而同时入职的同事B却得到了老板的青睐，升职加薪。

造成这种结果的原因很有可能是同事A的时间没有用对地方，虽然他每天花了大量的时间在公司里工作，但是有多少时间是用在专心致志地做有价值的任务呢？工作的时候，他是不是光一个PPT就做了一个上午，是不是专门花了大量的时间检查邮箱，是不是极力去说服目前根本没有购买产品计划的顾客？

美国麻省理工学院计算机博士卡尔·纽波特在《深度工作》一书中指出，在信息大爆炸的今天，60%以上的知识工作者将大量的时间投放在过于简单的工作上。这些工作对认知能力的要求并不高，可以在有干扰的情况下完成，当然，它也并不会提高执行者的认知能力，没有太大的价值，如查看电子邮件、实时关注电子通信软件、安排一个电话会议、参加一个没有讨论目的的会议。

但是，有些活动不能立即判断它是否过于简单，如制作一个库存分析PPT、参加某个项目会议、制作部门招新海报。对于此类活动，我们需要对活动深度进行定量分析后，才能够判断，该项活动对我们来说，是否是简单工作，有没有继续下去的价值。

小青是一家新媒体公司的公众号编辑，每天除了要寻找选题，还要编辑文章发布在公众号平台。

一天，小青的朋友突然找到她，问她要不要兼职写旅游文案，有模板，一

天三篇，一个月3000元，而且不需要坐班，按时交稿即可。另一边，小青的老板也找到她，问她要不要尝试带一个漫画剧本项目，事成之后，可以拿到2%的分成。

小青思前想后，觉得两个都可以做，但是因为之前她没有接触过漫画剧本，又担心没有时间写旅游文案。如果只选择一个的话，她不知道选择哪个比较好。旅游文案的兼职可以给她带来固定的额外收入，虽然她之前并没有写过，但是所需时间不多，不会影响到她的本职工作，比较合适。漫画剧本给她带来的收入并不稳定可靠，而且是她以前没有接触过的事物，不过小青感觉可以学到很多东西，这点比较重要。

从表面上看，这两个工作对小青来说，都是不错的选择，让人难以抉择。这时候，就可以对工作的深度进行分析，考察究竟小青应该选择哪个工作。

在撰写旅游文案的时候，小青需要做两件事情：一是收集景点的相关资料，二是了解旅游景点文案的写作要求。针对如何收集景点相关资料，小青可以询问她的朋友，了解一些固定的搜索渠道。对于写作要求，小青可以参考对方发来的模板，对模板进行分解。这两件事情的难度不高，对有写作经验的小青来说，她大概能够在一周之内熟练掌握旅游文案的写作技巧。

而对于漫画剧本的项目，小青需要做四件事情：漫画剧本的写作要求、敲定漫画题材和目标受众、漫画剧本在整个漫画流程中的作用及任务、收集素材创作剧本。对从来没有接触过漫画剧本的小青来说，她需要主动收集优质的漫画剧本并进行分析，了解漫画剧本如何叙述故事，如何表现情节，如何展现人物性格，使用怎样的语言才能让分镜师了解到她的意图。对于题材和受众的选取，小青需要花时间做市场调查，根据数据揣摩哪种类型的漫画剧本比较适合。至于漫画编剧在漫画流程中所处的位置及任务，可以通过百度进行搜索，或者询问相关的创作人员。在了解了基本情况以后，小青创作出来的剧本才是比较符合对方需要的剧本。这四件事情，尤其是前两件事情，需要深入思考和系统学习，花费的时间较长。因此，小青大概需要两三个月的时间才能够顺利完成漫画剧本创作。

经过分析，我们可以发现模板化旅游文案的撰写，虽然可以得到一定的报酬，但是缺乏上升空间，无法锻炼人的思维能力，属于重复劳作。而漫画剧本虽然需要耗费大量的时间，过程也比较复杂，但是从头到尾做下来，能够提升自己的分析能力、逻辑思维能力、情节表现能力、市场分析能力、领导能力、合作能力，具有更高的价值。

如果不进行定量分析，大多数人在不知道如何选择的时候，往往会选择能够在短期之内获利的活动，而错过了长远利益。因此对活动的深度进行定量分析，能够帮助我们判断一项活动是否具有投入时间的价值。我们可以将流程分解如下。

1. 分析为了完成活动，我们需要做的事情或具备的技能。

2. 假设一个从未做过该项任务的聪明人，需要花费多少时间掌握该项活动所需的技能。花费的时间越长，说明活动的技术含量越高，越具有投资价值；反之，则越容易被替代，对执行者的成长并没有太大价值。

3. 综合分析，进行判断。对于简单的工作，我们可以在零碎的时间内完成，将完整的时间留给需要集中精力去做的事情。另外，简单的工作也需要经过筛选，将不必要的工作从自己的待办清单移除，避免挤占深度工作的时间。

戴明循环：工作流程化，执行简单化

上级交办了一个任务之后，你会干什么？完成任务以后，你会立刻开始着手准备下一项任务吗？如果之前做的项目出现了问题，你该怎么办？

新人刚进入职场的时候，常常会面临一个问题，那就是眼前的问题还不知道该从哪里下手，之前处理过的项目又出了问题。焦头烂额地处理完之后，还没有好好休息一下，当前在处理的任务又出了问题。

这些项目可能并不复杂，但新人还是会不停地在当前项目和早前项目之间来回奔波，没有办法为突发状况提前做好准备。为了更加高效地处理工作，我们可以尝试运用美国质量管理大师爱德华兹·戴明的 PDCA 循环，又称戴明循环。

一天，小明接到上级任务，要求他提高产品 A 的销量。

为此，小明专门去查询了产品 A 目前的状况，发现产品 A 是小明所在公司的主打洗护产品之一，能够有效改善发质。因此，产品 A 的销量一直都很不错。但是近两年，不知道出了什么原因，产品 A 的销量开始逐渐走低。

了解到基本情况以后，小明收集了往年的广告，发现产品 A 的广告侧重于体现产品的功能，适用于所有的用户群体。紧接着，他调取了一些数据，如产品 A 的销量分析表，市面上同类产品的销售状况，网络上关于护理头发的评论、视频、文章。

经过分析，小明决定分化产品 A 的目标受众，专门推出一个针对办公人员的防脱洗护系列。确定好目标后，小明立即开始撰写计划书，制订执行方案。

一个月之后，公司开始将计划投入实施，正式在地铁站、视频播放平台、淘宝首页投放广告，并进行预售。

两个月后，经过数据检测，产品 A 的销量确实有所回升。不过小明没有就此止步，而是继续跟踪，收集用户体验，总结产品 A 目前还存在的问题，并继续进行修正。

上述例子，用的就是戴明循环。小明接到任务以后，并没有马上开始处理，而是先进行分析策划，然后按照方案投入实施。实施过后，还需要对项目效果进行检测，发现问题之后，再次进行修正。

也就是说，PDCA 循环主要包括四个步骤。

1. Plan（计划）——确定目标和方案。

2. Do（执行）——按照方案，投入实施。

3. Check（检查）——根据效果，评估方案。

4. Action（处理）——进一步修正在检查过程中发现的问题。

这样，当你接到一个任务以后，可以按照戴明循环，逐步开始，避免因为经验不足而手忙脚乱。

不过，在使用戴明循环的时候，还需要注意以下几个方面。

1. 根据任务要求，明确目标并制订相应方案。

这一部分是整个环节的基础，如果最开始的策划方案就有问题，那么后面也难以继续推行下去，即便顺利完成，最后需要修改的漏洞也会很多，浪费大量的人力、物力、财力。

因此，在拟订策划方案之前，需要根据问题，事先做好调查，如发展史、现状、市场需求、同类竞品、替代品、销售状况，等等，找出问题所在，制定目标，再根据目标制定解决方案。

在细化解决步骤的过程中，我们要时刻问自己为什么要做这件事、需要达到什么样的效果、什么时候开始执行、由谁执行、主要执行地是哪里、如何完成。

2. 细化方案，加以执行。

这一步，需要我们进一步细化策划方案中的解决步骤，将其转变成可以立即执行的活动，并加以执行。在执行的过程中，我们还可以根据具体情况进行调整，不要盲目按照方案上的计划实施。

3. 收集数据，检查执行成果。

综合比对相关数据，判断该方案是否有效，目标达成度是多少，方案本身存在的缺陷。另外，“检查”程序的存在还可以有效地调动员工的积极性，让他们认真完成任务。

4. 找出问题，加以解决。

将在检查过程中发现的问题进行分析，加以解决处理。

另外，戴明循环并不是一个循环就可以解决所有的问题，它需要不断归纳总结，将新问题放入戴明循环进行处理，是一个螺旋式上升的过程。

要事为先：将关注点放到最重要的事情上

在信息爆炸、物质富足的今天，人们不仅要面对纷繁复杂的信息，还要在诸多选择当中做出抉择。但是选择越多，我们往往越不知道选择什么才是最好的。体现在工作上就是，每天需要处理很多事，但往往是想到什么做什么，忽略紧要任务，如截止日期较近的项目、需要做大量准备的活动、不熟悉操作流程的任务。

小马是一名高中生，平时除了学习，还喜欢绘画、看动漫、做饭、跑步、看小说，爱好广泛。

不过，小马心里知道，她想考一个好大学就得好好学习。因此，小马从来不会把手机带到学校，也不会在上课的时候想放学回家以后要看什么番剧，或者要在平板上画什么画，上课的时候她认真听讲，高效完成作业。

放学回家后，如果有作业，小马也会优先做完作业，然后才会去画画或看番剧。如果学累了，小马会拿出平板画一会儿画，但是在大脑清醒过来以后，她会马上投入学习。

因此，小马不但学习成绩优异，自己经营的绘画账号也收获了一批粉丝。

故事中的小马面对各种各样的选择，明确了学习才是自己目前的主要任务，虽然她也很喜欢并且想要画画、看小说、看番剧，但是小马都克制住了自己的欲望，将学习放在优先位置，安排空余时间，发展自己的爱好。事实证明，这是有效的，盲目地什么都做，或者把主要精力放在与当前主要任务无关的事情上，必然导致精力的浪费。

那么，我们应该怎么判断自己的关注点是不是集中在重要的事情上了呢？

1. 和目标的相关程度。

一件事情和目标的关系越紧密，就越具有价值，需要优先关注。

比如，一个人想要和另一家公司谈合作，那家公司的项目负责人刚好邀请他见面，那么在那一天中，除非突然出现比这场见面更紧急、更重要的事情，见面就是那天最重要的事情，你需要花费一定的时间，为这场见面做准备。

2. 紧急程度。

这类事情往往带有突发性质，比如，你在制作项目策划方案的时候，上级突然打来一个电话，或者临时接到会议通知。对于这一类事情，我们需要立即处理，不能够拖延。

3. 是否有助于能力提升。

那些对我们的能力提升有帮助的短期任务，可以优先考虑。比如，撰写发言稿、整理库存、制作小动画。

此外，还要注意以要事为先，并不意味着不需要思考其他重要的事情。而且要事并不是某个固定的类型，在不同阶段，重要的事情可以有所不同。比如，在学习的时候，读书是需要优先考虑的事情；工作日，则工作优先；休息日，则可以把家庭或休闲放在第一位。

停止原地打转，及时找回专注力

工作的时候，你有没有过这样的体验？坐在电脑前，明明知道自己要搜什么资料，但总是在搜索的过程中，精神逐渐涣散，不停地点击不同的网页看，却始终找不到自己想要的。或者找到了自己认为有用的页面，准备阅读其中的内容的，却总是想着上一篇文章的内容，始终没有办法在大脑中厘清眼前的文章的逻辑思路，挖掘出自己需要的信息点。又或者半路发现自己刚刚看的页面对自己有帮助，但是由于手快将网页关闭了，又没有记住刚刚的网页的名称、来源，只能一个一个翻找。到了总结一天工作的时候，又会认为自己效率低下，陷入自我责怪当中。

难道我们就不能走出这种怪圈吗？

在一个鸡尾酒会上，兴奋的人们大声地尖叫着、歌唱着，酒杯相互碰撞，巨大的音乐声震耳欲聋，凳子挪动的声音，鞋子踏在地板上的声音不绝于耳。

激动的小 B 拉着小 A 到处跑，这边走一圈，那边跳一下。时不时地还要凑近小 A，发表一下自己的感想。

小 A 听着小 B 的调侃，觉得挺有意思的，也不禁笑了出来。

这是一个非常普通的派对场景，但是你有没有发现一个有意思的现象，那就是在嘈杂的酒会中，当小 B 和小 A 说话时，小 A 仍然能够听清楚小 B 说的东西。

这是为什么呢?

过去人们常常说，我们习惯关注自己知道的东西，事实上，这句话反过来也是成立的，我们只知道我们关注的东西。因此，当我们在工作的过程中老是走神，既想做这个，也想做那个，其实就是因为我们没有将关注点放在极端重要的事情上。而关注的事情越多，我们也就越无法集中注意力。

为了保持专注力，我们可以尝试做以下两件事。

1. 在特定的时间，处理价值量相对较少的事务。

除了手头上最重要的工作，我们还需要处理许多杂事，如整理办公桌、回复电话、回复不重要的邮件等。因为不需要花费太多的精力，这些工作可以在休息的时候逐一进行处理，避免在处理重要事务之前进行处理。因为如果你没有处理完这些杂事，而被迫尽快开始处理重要工作，那么“蔡氏效应”就会联合你的大脑，不断地向你发送消息，通知你还有任务没有处理完。这样你自然没有办法专注地处理眼前的任务。

另外，人的精力是有限的，在同一时间段处理过多的重要任务，会大大降低完成效率，延长完成时间。因此，这样的情况也应当尽量避免。

2. 工作的时候，将电子产品的使用频率压到最低，做到有计划地使用。

如果你有很严重的手机依赖症，那么在工作的时候，请将手机放在你看不到的地方，如抽屉、盒子、书本下方等，或者直接切断流量和网络；在不工作的时候，再翻看手机，从而培养长时间专注的能力。

如果因为工作需要，你不得不使用电子产品，那么也需要为自己限定一段时间，要求自己在规定时间内收集相关资料。时间一到，就停止收集，开始处理工作。如果工作过程中发现新的需要，则再通过电子设备查找即可。

番茄工作法：25 分钟拯救你的致命低效

了解到专注工作的重要性以后，还是有许多人没有办法集中精神，在规定的时间内完成所需任务。或者感觉一天从早忙到晚，却一事无成。

小 A 今年幸运地通过了研究生考试，并顺利地成了一名在校研究生。为了不再像本科期间那样荒废时光，他特意为自己制订了详细的学习生活计划，要求自己每天需要连续学习四个小时以上。

但是他每次斗志昂扬地出发，在图书馆找到位置坐下后，还没有看一会儿书，就开始不自觉地拿出手机，想看看朋友圈里是不是有什么新鲜事，或者有没有人找他。

做功课的时候，他想要一次性完成任务，却总是被脑海中各种各样的想法吸引注意力，没有办法集中精力，快速完成任务。

对于一些快到截止日期的任务，他都想再拖一拖。就这样，小 A 虽然每天都待在图书馆里，能完成的任务却屈指可数。

针对这种情况，意大利时间管理讲师弗朗西斯科·西里洛提出了番茄工作法。那么，什么是番茄工作法呢？简单来说，就是在规定的 25 分钟内，排除干扰，集中精力完成工作，并合理安排休息时间。

番茄工作法非常简单，主要包括三个流程，即规划、执行、记录。另外，其所需的材料也更少，只需要一支笔、一个计时器和三张表格——待办清单、记录表、活动清单。

接下来，我们将对番茄工作法的工作流程，做进一步说明和展示。

1. 规划。

在现实的工作场景中，人们不仅仅需要完成当天接到的任务，还需要解决之前留下的任务，其中有一些任务并不是一次性就可以解决的。因此，我们可以为自己准备一张任务清单，在上面罗列出自己目前还没有完成的事项，然后根据这份任务清单，整理出一份今日待办清单。

2. 执行。

整理出今日待办清单以后，需要做的就是执行了。在这个过程中，我们需要准备一个计时器、手机、秒表、闹钟等，只要能够展示出时间的流逝都可以。

然后设置一个倒计时闹钟，时限是 25 分钟。在这 25 分钟内，我们只需要完成待办清单上的一项任务。如果时间到了，清单上的内容还没有完成，也没有关系，可以暂时休息 5 分钟再继续。

完成一项任务以后，即可将待办清单上的该任务划掉，开始执行另一项任务。

此外，还需要注意休息时间的设置。一般来说，一个番茄钟结束以后可以休息 5 分钟，三个番茄钟结束以后，可以休息得更久一点。在休息时间内，我们可以做自己喜欢的事情，听歌、四处走走、画一幅简笔画，或者自己感兴趣的事情。不过不要在短时休息的过程中观看短视频，虽然这可以舒缓我们紧张的神经，但是会很难停下来，即便能停下来，我们再想回到之前的状态，也要花费不少的时间。

3. 记录。

执行完一项任务以后，我们需要对完成该项任务时的状态进行评估，即是否出现中断现象。如果有的话，是什么原因？一般来说，中断现象的出现主要受内部因素和外部因素的影响。

内部因素，主要是执行者在执行任务的过程中，突然走神，开始思考和任务无关的事情，如下班后去哪里，昨天送东西给自己的人是谁、老板今天早上对自己说的话是什么意思等。当然还有生理需要，如小便、口渴等。

外部因素，则主要包括突然接到一通电话，老板紧急通知开会，同事过来询问问题，微信不断地弹送消息等。

将中断原因标注在记录表上，并注明什么时候、持续多久、什么原因。如果可以避免，争取在下次执行的过程中不要再犯。

及时“断舍离”，告别工作中的繁复与执念

在物质极大丰富的今天，我们不仅无法割舍生活中无用的物品，还没有办法在工作的时候，克制自己想要花费大量精力在琐事上的冲动。明明知道不对，要快点开始做重要的事情，但就是忍不住花时间在琐事上。

为了解决这个问题，我们不妨将日本作家山下英子提出的“断舍离”运用到此处，割舍生活中那些不重要、不必需、不合适的东西，获得清爽的生活。

小魏今年刚刚入职一家新媒体公司，负责收集资料，寻找主题，撰写微信推文。

每天他都会准时到达公司，坐在自己的工位上查看待办事项。在等待电脑开机的过程中，小魏突然想拿出手机看看有没有人联系他，但是又怕看了手机之后，停不下来了。最后，小魏还是没有忍住，拿起手机，将通信软件中的待看消息都看了一遍，发现没有重要消息后，他将手机调成了振动模式，防止有人找他，没有看到消息。

这时，老板突然找到他，让他做一份数据分析表格，而这个问题的解决办

法需要用到 Excel 中的一个功能，小魏刚好不会。于是开始搜索操作说明，但是还没有看一会儿，他又觉得还会用到另一个他不会的功能，可以和前面那个功能一起学。在学的过程中，小魏发现还有一些他不会的功能，可以放入学习范围里，不知不觉，小魏搜索了 Excel 的使用教程，将其他功能的使用方法也看了一遍。

由于看得太多了，小魏对处理问题所需的操作技能印象模糊，于是又花时间重新看了一遍。等到小魏做完分析表，已经下班了，而他还没有敲定明天微信推文的选题，只能回家继续加班。

人生的苦恼，总是混杂在我们对想法和物品的偏执当中，如果没有实现某个想法，或者拥有某件物品，就会浑身难受，无法集中注意力。但是一旦得到，又会觉得食之无味，弃之可惜。因此，在工作的过程中，与其去追求那些没有价值的事情，不如一开始就花时间让自己明白哪些工作可以断绝、舍弃、脱离。

1. 断绝没有价值的工作。

我们工作不仅是为了获取报酬，更是为了在工作的过程中获得经验和成长，利用自己学到的东西帮助自己取得更高的成就。因此，并不是什么工作都应该花费我们的时间去做。比如，一个有能力和 4A 公司谈合作并且手头宽裕的人，不会去花时间在街边发一个月的传单。发传单并不会加深他对广告行业的了解，也不能帮助他解决当前的问题，所以这对他来说，是没有价值的。

当一项工作不能够帮助执行人获得成长，也不能够给他带来实际的经济效益时，此类工作，最好断绝。

2. 在适当的时候，舍弃和当前主要目标无关的工作。

正如前文所提到的，思考脑一次只能将一件事情做到极致，没办法同时高效地处理两件或两件以上的重要事情。因此，好学是正确的，但是过度学习却并不合适。

刚刚进入职场的年轻人通常喜欢接触不同类型的工作，但是如果他们没有一个核心目标，只是东一棒槌，西一榔头的，很有可能忙了半天以后，也没有个所以然。因此，在工作的过程中，我们应该重点把握和目标相关的工作，有空闲时间的时候再考虑其他类型的工作。

3. 脱离工作量大且价值相对较低的工作。

在工作当中，还有一类工作就是量大且价值低的工作，如 80% 的电子邮件、大部分的会议，这类的工作往往很占时间，但是又不得不处理，这些工作可以交给他人代为处理。不过在委托任务的过程中，要注意这个工作对被托付的人来说，最好具有一定的挑战性。

莫法特工作法：绩效倍增、工作不累的秘诀

在工作了一段时间以后，你决定奖励自己玩手机，休息一会儿。但是玩了一会儿之后，你就再也不想回归到工作状态。可有些人能够忙完这个忙那个，也不见他中途玩手机休息一下，却依然十分有干劲。大多数人都会觉得第二类人精力旺盛，不需要休息，就能连续完成任务。恰恰相反，第二类人才是休息得最好的人，并且还能在休息时间创造出价值，产生效益。

为什么这么说呢？这些人究竟又是如何休息的？其实，他们利用的就是“莫法特工作法”。

翻译家詹姆斯·莫法特的书房里摆放着三张书桌，第一张放着《圣经》的译稿，第二张放着一篇论文的原稿，第三张则放着莫法特最近正在写的小说。

工作的时候，莫法特就会站在放有《圣经》的书桌前，着手开始翻译，当他感到疲惫的时候，他就会走到放有论文的书桌前写论文，或者放有小说的书桌前写小说。一段时间以后，他又回去继续翻译《圣经》。当他再次感到疲惫的时候，又会走到另外一张书桌那边去。

如此循环，莫法特不仅能够完成一天的翻译任务，还能够完成写论文、写小说的工作。

翻译《圣经》的工作是莫法特当时最重要的任务，但是他并没有将自己一天的时间都花费在翻译上面，也没有在完成翻译工作后，再开始整理论文原稿或写小说。而是利用休息时间做翻译以外的事情，转变工作内容，保持精神上的兴奋。

我们将莫法特的行为简化一下，就是“工作—间断—工作—间断—工作”，其中“工作”是当前的主要任务，“间断”则是其他次要任务，这也就是莫法特工作法。莫法特工作法主要有以下四种类型。

1. 抽象和形象相搭配，如看了一段时间的哲学后，可以花半个小时画画，或欣赏10分钟的图片。

2. 变换角度，如绘画并不一定要从上面画到下面，也可以从中间画到四周，或者画一会儿中间部分，没有思路以后，就画左边的部分。

3. 动静结合，如写了一会儿作业以后，可以离开座位，出去走走。

4. 工作和娱乐相协调，如整理数据感到疲惫后，可以看一小会儿短篇电影。

不管是哪一种类型，其宗旨都是通过其他活动缓解大脑由于长时间做一件事情而产生的疲惫。了解了莫法特工作法的类型以后，我们还需要清楚，在运用莫法特工作法的时候，应当注意什么。

1. 避免间断时间过长。

莫法特工作法中的“隔断”，往往是为了缓解长时间专注于一件事情而产生的疲劳感，保持大脑对主要任务的兴趣。因此，“隔断”时间不宜过长，最好在20分钟以内，时间到了以后，立即回到原位，完成主要任务。

2. 不要设置过多分段。

过多的分段会影响执行者的专注度，从而使人感到更加疲劳。这就好比在河的一边休息，突然接到任务，到达河的另一岸，任务完成后回去休息，但是还没坐下，又要到另一边去。往复循环，在过度的转换过程中，会耗费大量的精力。

3. 劳逸结合。

我们在使用莫法特工作法的时候，不仅可以将其他相对轻松的事情作为“间隔”，还可以把运动作为“间隔”。即便使用莫法特工作法，长时间的脑力劳作还是会使人感到疲惫，而劳逸结合才是高效完成工作的必备法宝。

CHAPTER 09

第九章

修正社交，建立人际圈公认的好习惯

停止“负向预测”：人际交往并没有那么可怕

德国思想家卡尔·马克思认为人的本质是“社会关系的总和”，人通过和他人进行交流交往，进而确定自己在社会中所处的位置。因此，对人来说，人际交往是不可避免的。

有些人热衷于和他人进行交流，渴望表达自己，有些人则恐惧在他人面前说话，常常会纠结自己的一句话是否让他人感到厌烦，或者觉得他人总是在背地里贬损自己。那些患有社交恐惧症，认为人际交往很可怕的人，实际上是在自己与他人进行交流的时候进行了“负向预测”。

明朝的时候，有一名得道高僧，他不仅在佛法上颇有造诣，吟诗作赋的功夫也令人称美。明太祖朱元璋知道了，有意让他还俗入仕，在朝堂上为国家效力。但是这对那名高僧来说并不现实，于是他婉言拒绝了朱元璋。

后来，在宫廷中，朱元璋再次看到了这名高僧，想起他上次拒绝自己入朝为官的要求，就上前调侃高僧，问他为什么头发都剃了，还要留着这胡子。

高僧十分尴尬，不知道如何回答，最后只好说胡子是男子气概的象征。

朱元璋听到后，想起自己做和尚的时候没有胡子，认为高僧在暗讽他，心中颇为不满，但是不好直接发作。

后来，朱元璋把高僧请到皇宫，设宴招待他。高僧不疑有他，欣然前往。

宴席上，朱元璋突然发难，让高僧作诗一首，说想看看他的文学造诣。

高僧不敢回绝，于是说道："殊域及自惭，无德颂陶唐"，想要赞美朱元璋。

但是朱元璋并不这样认为，反而觉得高僧蓄意侮辱自己，勃然大怒，让人把高僧给拖了出去。

朱元璋在与人相处的时候，带有很强的"负向预测"，认为他人不管说什么，都是在暗讽自己，挖苦自己，即使别人根本没有这个意思，他也要联想出那个意思。

在人际交往中偏向于进行"负向预测"的人，通常具有更低的自我价值感，不能接受自己的不足，过分关注他人的一举一动。比如，一个因为没有结婚感到很自卑的人，即便他在事业上取得了一定的成就，但他还是会忍不住想为什么自己还没有结婚，这是不是说明自己很没有用。如果别人问他有没有结婚，他就会怀疑别人是想借机嘲讽他，就算事业再成功，也没有人会喜欢他。

对他人的"负向预测"只会进一步增强当事人的不安感，降低自我价值感和幸福感，更加恐惧人际交往。而对人际交往的恐惧，又会进一步加深对他人的"负向预测"程度，形成恶性循环。因此，要想获得健康的人际关系，还要从源头开始，停止"负向预测"。

1. 找到敏感源。

要想克制"负向预测"的出现，需要根据自己产生的情绪，倒推自己产生负面情绪的原因。

比如，一个人听到别人谈论自己的时候，就会感到焦虑和不安，这时候，他就需要根据这种情绪，回顾相关场景。找到敏感源之后，我们就能够对症下药。

2. 接纳自己。

"负向预测"其实是一种自我保护行为，当事人希望通过提前做好最坏的打算，减轻危险到来时对我们造成的伤害。因此，学会接纳自己，学会不为自己的缺陷感到羞愧，自然也就能够坦坦荡荡地面对他人。

3. 多和积极阳光的人接触。

不论在心理上，还是在生理上，人的变化不仅来源于内在的自觉，还需要依靠相应的环境。

长期处在尔虞我诈的环境下的孩子，往往会变得内向且不相信他人。在他们眼中，不管其他人多么随和善良，随时都会变成“恶犬”，朝他们扑过来。而一直生活在充满爱与温暖的环境中的孩子，通常会学着身边的人的样子和别人好好相处。

4. 学会感激他人的善意。

懂得感恩的人，通常更容易感受到他人的善意，而斤斤计较的人，其关注点永远在别人对自己的伤害上。因此，可以每天抽一点时间，在心中或者用纸笔，将今天遇到的好事记录下来，培养正向看待生活的习惯。

摆脱“贴标签效应”：别让偏见限制了你

在和别人相处的过程中，我们时常可以听到这样的评价：“我觉得你不好相处”“你怎么那么敏感”“你真小气”……

除了这些负面评价，还有一些正面评价和中性评价，如：“你画画真棒”“你真的太温柔了，脾气真好”“你真聪明”。

看到第一类评价的时候，我们很容易感到愤怒或悲伤，看到第二类评价的时候则容易感到喜悦。事实上，这两类评价从本质上来说，都是一样的，即通过单一的词语描述他人，做出评判，并进行标签化处理。而被贴上标签的人，就会不自觉地根据评价，做出自我形象管理，使自己的言行更加贴合标签中所包含的内容。

负面标签会打击一个人的自信心，降低他的自我评价，而正面标签会帮助人们主动培养良好的品质。因此，我们在现实生活中要尽量避免负面标签，并且利用好正面标签。那么我们应该如何正确地运用“贴标签效应”呢？

1. 对负面标签说“不”。

在现实生活当中，面对那些经常说“你不行”“你有病”“你真小气”“你这人真没意思”的人，不要低头，要用实力勇敢地撕去负面标签。如果暂时没有办法撕去标签，那么也请保持自信，用实力证明自己。

不容许他人对自己贴上负面标签的同时，也拒绝自己给自己贴上负面标签。失败了之后，一味地否定自己是没有用的，我们需要做的是用行动改变自己。与此同时，我们还需要教导我们的晚辈，让他们懂得负面标签的危害，不要用负面标签去定义别人和自己。

2. 改变负面标签的产生环境。

负面标签并不一定是被凭空捏造的，被定义者身上通常会有和负面标签的内容相吻合的地方，只不过这些地方通常会被定义者夸大，从而造成对被定义方的伤害。因此，当我们拒绝负面标签以后，还需要从根本上破除负面标签依存的环境。

3. 大胆肯定自己，给自己贴上正面标签。

负面标签可以伤害一个人，正面标签也可以影响一个人。比如，一个脾气暴躁的人，可以给自己贴上“性格温和”的标签，当他的行为和“温和”标签相背离的时候，会产生出一种不适感和不安感。从而迫使自己在日常生活当中，谦和待人，彬彬有礼。慢慢地，当他习惯运用温和的方式处理问题的时候，他的脾气也就会发生一定的改变。

因此，拒绝负面标签的同时，我们还可以接受并积极利用正面标签引导自己，增加自己的信心。

减少自我关注：别把自己当成世界的中心

走在大街上的时候，你会不会觉得有路人一直在看你？坐在陌生人面前，你会不会紧张得手心冒汗，心跳加快？不管是焦虑、不安、紧张、害怕还是兴奋，当你因为这些情绪，而没有办法抬起头走路，回忆出演讲内容，认真地谈合作，或者专注于其他当前需要你集中注意力去做的事情的时候，你就应该减少自我关注了。

请注意，这里所说的过度关注自我，并不一定是指过于自大，不在乎别人是怎样看待自己的。恰恰相反，是指一个人过于关注自己在他人心目中的形象。

大三的时候，小A作为实习生，去当地的一所学校实习。

小A非常紧张，一直只是站在一边听带队老师的安排，带队老师需要他帮忙搬书、移桌子、扫地的时候，她就过去帮忙。当其他实习生都在组队的时候，小A只是一个人默默地站在一边，等待她的搭档来找她。

有一天，带队老师突然找到小A，让她马上用电脑帮她修改一份教案。小A不知道怎么拒绝，就直直地坐到电脑前，她不知道改哪个，但是又不敢问。

直到带队老师主动走到她的身边，告诉她是哪个文件，她才顺利打开了文档。虽然老师一直在指导她怎么做，但是老师的声音让她感到紧张，心里一直怦怦地跳着，拿着鼠标的手和额头不自觉地冒出了冷汗，呼吸也变得急促起来。

老师讲的操作，她有的懂，有的不懂。碰到不懂的，她的心就“咻”地提了起来，当小 A 感到自己的心脏跳得越来越快的时候，她更加紧张了，总觉得站在她身后的老师用不满的眼神在看她。

接下来，小 A 连自己之前会的操作也忘了，整个人就像快要生锈的机器人，她强迫自己镇静下来，但是脑子里一片空白。

从表面上看，小 A 关注的是别人，但实际上，小 A 关注的是自己。她担心自己不能顺利完成任务，担心老师会因为这件事情对她产生不满，担心别人不想和自己合作。她很少将注意力放在与他人有关的事情上，如怎样更好地和其他实习生相处，怎样修改教案，当遇到自己不会的东西时，该怎样礼貌地向老师询问。她将大部分注意力都放在自己当下的情绪上，过分关注自我，从而无限放大了心中的负面情绪。

那么，为什么有些人会过度关注自我呢？其原因主要可以概括为以下五个方面。

1. 不能够接纳自己的缺陷。

2. 极力想要平复心态。

3. 过度看重输赢得失，害怕失败。

4. 长期生活在一个压抑的环境下，经常受到周围人的负面评价。

5. 习惯自责。

英国哲学家罗素说过：“幸福的获得，在极大程度上却是由于消除了对自我的过分关注。过度关注自我容易陷入空虚，任何需求的满足都会带来新的需求。”

那么，我们应该如何减少自我关注，获取幸福呢？

1. 利用“情绪开关”，将自己从焦虑中解放出来。

在前文中，我们提到过“情绪开关”这个概念。通过加强某句话、某个动作和某个形象与正面情绪的联系，使得我们说这句话、做这件事、想到这个形象的时候，就会产生正面情绪。现在我们可以将其活学活用，帮助我们摆脱因为过度关注自己而引发的负面情绪。

比如，一个人坐在饭馆里，认为周边的人都在看他，所以产生了强烈的不安感。而深呼吸恰好能够让他感到舒适，那么，这个时候他就可以通过深呼吸，暂时缓解不适感。

2. 放弃控制，顺其自然。

当心中的负面情绪无法被控制的时候，我们应该放弃强制要求自己，必须摆脱当前的负面情绪。因为当一个人不停地在心里要求自己不要紧张的时候，恰恰更容易引发紧张。因为他的全部心神都放在观察自己的紧张程度上，当他发现自己的紧张情绪没有办法得到缓解的时候，就会更加焦虑、紧张。就像你拼命告诉自己不要想白熊，但是你的脑海中就会出现一个白色的身影。因此，当我们无法控制自己心中的焦虑时，就想办法想其他的事情，不要强迫自己放松下来。

3. 调整心态，坦然面对得失。

一些过度关注自己的人，往往只在乎自己得到了什么，又失去了什么。当他成功的时候，能够坦然地面对他人的凝视；但是当他失去了什么的时候，就无法接受他人的目光。

在他们的眼中，总有一双眼睛盯着自己，审视着自己的功过得失。事实上，这双眼睛是他们自己的，他们太在乎自己得到的和失去的，从而无法直视他人的目光，会因为他人的注视而产生负面情绪。

面对这种情况，人们可以尝试转移关注点，当自己成功的时候，思考原因，加以坚持；当自己失败的时候，寻找缺陷并加以改正，当我们在认真地思考问题的时候，自然也就没有精力去注意自己和他人是怎么看待自己的功过得失了。

自我表露：真实地展示自己的行为

交流是现代社会不可避免的一项活动，不管和谁进行交流，我们的交流内容无外乎分为两类：一类和自己相关，另一类和别人相关。和别人相关的讨论，通常围绕着外貌、性格、经历、合作项目，而和自己相关的内容则通常侧重于理想、经历、性格、感受、观点等内容。不管我们谈论什么，这类行为都属于“自我表露”。

1958 年，美国人本主义心理学家西尼·朱拉德提出了“自我表露”的概念，他认为在与人交往的过程中，大多数人会自愿展现自己最真实的行为，并倾诉自己的观点。

小李和小张住在同一个寝室，小李的性格内敛，小张则更加喜欢和室友聚在一起聊天。

和小李相比，小张知道很多小道八卦，娱乐消息。随便说一个明星，她都能够将那个明星的八卦绯闻一个一个拿出来说道，就连学校里的人，只要小张知道的，都能说出一些她们寝室里其他人不知道的事。

小张从来不吝于向他人展示自己的经历和性格，不管是好事还是坏事，都会和寝室里的人说，并表达自己的感受，通过小张的经历，大家也更加了解小张的为人。

而小李对八卦并不感兴趣，朋友们说了 10 个明星的名字，可能她只能认出其中一两个，至于学校里的八卦传闻，她知道的就更少了。因此，当小张和其他室友聊八卦、吐苦水的时候，小李往往是站在一遍听着，碰到能说的，就会评论一下。

在日常生活中，小李也很少和室友说起她上大学以前的经历，碰到不开心的事情，也很少和室友说。

不过，小李很喜欢摄影，当室友问她与摄影相关的问题时，她总是可以抓着对方说很久，甚至帮对方做示范。有时候，她还会和室友说以后自己想成为一名摄影师。

生活中，小张和小李都会进行自我表露，只是表露的内容有所区别。小张喜欢谈论自己的经历和感受，表达自己对某个观点的看法；小李则更喜欢表露自己的爱好和对未来的规划。两个人的自我表露方式，都具有一定的价值，但是也有一些缺点。小李的自我表露内容过于单一，容易出现不易相处、不合群的情况；小张则过于喜欢通过议论他人的私事，来表达自己的观点，给人以多嘴多舌之感。

在日常生活中，自我表露的内容可以以某一个方面为主，但是也应当多样化，进行有价值的自我表露。那么，我们应该如何进行有价值的自我表露呢？

1. 陈述和自己相关的事实。

这一部分的内容是最基础的，不管你和谁进行交谈，都可以谈及这一部分的内容，不过要根据对方的可靠程度，对内容进行筛选。这一部分的内容主要包括：个人经历、旅游见闻、工作状况、出行计划、习惯养成计划等。在表述这一部分内容的时候，我们不需要将太多的精力放在如何陈述自己的见解和看法上，只要将时间、地点、人物、事件等因素陈述清楚即可。在表述的过程当中，我们不用强调文采，只需要根据自己的性格，选择相应的陈述方式即可。

2. 表达自己的感受和体悟。

人们通常很少将这一部分直接告知他人，一般会通过相应的故事情节，引出自己的感想和观点。在没有事情缘由的情况下，直接和他人讲述自己的观点和体悟会显得有些生硬和不合时宜。如果一定要先讲述观点和感受，引起他人注意，那么后续一定要接相应的事情，佐证自己的观点，让人明白你是由何而感。

感受和体悟主要包括喜欢的艺术类型，宗教信仰，对未来的期望，对过去的总结，择偶观，婚恋观，交友观等。

感受和观点在一定程度上，能够显示一个人的价值观、人生观、世界观，让对方更加了解说话者的性格。

3. 表达需求。

这一部分内容是建立在经历故事和观点感受的基础上，当讲话者在描述完自己的某个经历，发表感悟之后，他适时地表露出对某个类型的工作机会的向往或其他需求。说话者能够在不引起对方反感的情况下，让听话者了解到他的相关需求，并适时给予帮助。

这一类内容是自我表露当中最难表露的一部分内容，不能够轻易对他人说，也不能够不顾听话者的感受，执意表达，需要把握一个度。

做好“双向沟通”：认真地倾听，简单地回复

你有没有在和他人进行交谈的时候遇到这种情况：对方一直在谈论自己的事情，并发表自己的感想，你丝毫没有做出任何回应的机会。或者，你给对方看了一个东西，想让他先说一下他的看法，然后你再开始讲自己的疑惑，但是对方评价完之后，直接转变话题，开始大肆谈论他的经历，而你找不到任何机会展开自己的话题。遇到这一类型的谈话，你的心情会是怎样的？

单向沟通可以顺利结束谈话，但是不一定能够给对方留下好感，让对方也感

受到交流的愉悦和舒畅。德国著名思想家歌德曾经说过："对别人述说自己，这是一种天性；因此，认真对待别人向你述说的他自己的事，这是一种教养。"

有一天，小戴应邀去参加一场重要的晚宴。

晚宴上，小戴碰到了一位世界知名的植物学家，并和他攀谈起来。植物学家兴致勃勃地向小戴介绍新奇的外来植物，讲他在实验过程中如何培育新品种。虽然小戴对植物学的了解并不多，但他还是全神贯注地听着，并且在适当的时候提出疑问，表示自己的看法，引导植物学家继续往下说。

而晚宴结束以后，植物学家极力向宴会的主人赞扬小戴，称他是一个有意思的谈伴，十分擅长鼓舞人。

小戴在和植物学家的交谈中，看似说的话很少，处于弱势地位，其实不然。小戴通过少量的提问，表现出了自己的思考能力，与此同时，还鼓舞了刚认识不久的植物学家表述得更多。因此，真正有效的交谈并不是看谁说的内容多，说的时间久，而是双方在交谈中都得以显示自己，即进行双向沟通。

在现代社会中，单向沟通其实是一种低效的沟通方式，只适用于少量的场景当中，常常通过命令的形式呈现出来。双向沟通则被广泛应用到大众的生活当中，如人与人之间要想实现互相了解，需要进行双向沟通；组织机构在和大众进行交流的时候，也不是一味发布信息，他们还会通过社交平台或投诉渠道，收集公众的反馈。

为了帮助大家掌握双向沟通的技巧，有几条经验总结如下。

1. 想要通过一段谈话，获得他人的好感，那么就去谈论他人喜欢的事情。

2. 如果对他人喜欢的事物并不了解，那么请不要随意发表言论，请安心地听下去，总有轮到你发表观点的时候。

3. 回应的内容不要太过敷衍，如一直“嗯”“很不错啊”“你怎么看”“确实”“是这样的”，这很容易让对方产生不被重视的感觉，也容易让对方认为和他谈话的人没有什么内涵。

4. 如果你是在对话中说话时间比较长的那个人，那么请匀出一点时间，听听对方的意见，不要一味地表露自己。

5. 在交谈的过程中，双方在回答对方问题的时候，需要有效地控制自己的面部表情。如果在赞扬对方，那么请做出相应的表情，不然对方会认为你在敷衍他，也会让对方陷入一个尴尬的境地。

6. 当了解到对方的喜好以后，不要频繁地表达你对对方所说事物的不满或不屑，也不要将自己喜欢的东西强制推荐给不喜欢的人，如在听到对方说自己不喜欢吃某一样东西的时候，说“你这人真不识好歹，这东西那么好吃，你怎么可以不喜欢呢？”然后大肆阐述该食物的美味。

7. 如果因为长时间倾听而感到疲惫的话，可以适时地将话题转向你们都感兴趣的领域。

掌握平等原则，建立更加和谐的人际关系

英国哲学家培根说过：“得不到友谊的人将是终身可怜的孤独者。没有友情的社会则只是一片繁华的沙漠。”

不管时代如何发展，人们是通过书信进行沟通，还是面对面进行交流，又或者是在网上进行交往，都离不开和谐的人际关系。那么，我们应该如何与家人、朋友、上司、下属、合作伙伴或者其他人，建立起和谐的人际关系呢？

某公司的董事长每天都要与许多有名望的人进行交流。有一天，这位董事长正在招待宾客的时候，却把她的丈夫冷落在另一边。这让她的丈夫十分生气，于是他悄悄地离开了宴席。

过了好一会儿，董事长才发现丈夫并未在她的身边，环顾一周，也没有看到丈夫的身影。发现丈夫回到卧室之后，董事长决定去找他。

董事长站在门口，敲了敲门。门内传来一阵询问声，“谁”？

“我是董事长。”

说出这句话以后，屋内没有任何响声。于是，董事长又伸手敲了敲门。

门内再次传来一阵询问，“谁”？

“你的妻子。”

丈夫听到后，果断打开了门。

故事中，董事长和丈夫的关系并不和谐，究其原因，是因为董事长常年身居高位，早已习惯了他人对她的尊敬。因此，当丈夫问她是谁的时候，她的第一反应是自己一直以来所承担的角色——董事长，而没有在丈夫面前将自己当作一名普通的妻子。但是不平等的婚姻关系给另一半带来了压力，在相处的过程中，他们感受不到自己获得了尊重。

因为社会分工不同，我们每个人在社会中所充当的角色并不相同，有的人是律师，有的人是公务员，有的人是个体经营者，有的人走过大江南北，有的人一生都没有走出过自己所在的一亩三分地。我们没有必要为他人没有经历过你所认为的美好，就面带怜悯，因为在那些人眼中，他们可能也觉得自己的生活很幸福。我们和他人相处，是在和这个人交谈，而不是和其背后的身份交谈。当你以平等的态度对待他人的时候，他人也会用平等的态度对待你，而这就是建立和谐人际关系的秘诀。

那么，在与人相处的时候，我们该如何保持平等的原则，建立和谐的人际关系呢？

1. 当他人对你表示出善意的时候，请给予他人善意。

正如信件往来一般，如果只有一方寄信，而另一方却不予以回应，这种不平等的付出，终将使关系走向破裂。你对他人好，他人自然会对你好，反之亦然。

2. 保持真诚。

在和他人进行交流的时候，时刻保持真诚，用商量的口气讨论问题、交换意见、传递信息，避免对他人颐指气使。

3. 寻找共同爱好。

如果想要和与自己的社会地位不一样的人达成平等关系，可以寻找两人之间的共同爱好，通过和爱好相关的活动，拉近关系。

互惠原则：双赢胜过自己单方面收益

不管是人与人、人与动物，还是动物与动物之间的关系，一方和另一方的相处过程就像是在分一颗糖果。如果一方为了满足自己的欲望，将唯一的糖果全部占为己有，那么一无所有的另一方必然心存不满，此时关系也就产生了裂缝。

在分糖果的双方都想要品尝糖果的时候，最好的做法是将糖果一分为二，虽然少了一半的糖果，但是你能够在品尝到甜味的同时，收获对方的好感和信任。当你们需要一起完成一项任务的时候，配合得也会更默契一些。

在大自然中，存在着这样两种生物。

犀牛是世界上最大的奇蹄目动物，它们虽然腿短，但是身形庞大，皮肤粗糙厚实，并且拥有尖锐的犀牛角，能够将侵略者撞得死去活来。

牛鹭则是一种身形娇小，脖子细长的鸟类。其身上最突出的地方要数它的那张尖嘴，又细又长，相当灵活。

这两种本没有任何相似性的物种，其相处模式却奇迹般地融洽。牛鹭常常会站在犀牛的背上，用自己的尖嘴去啄犀牛身上的寄生虫，而暴躁的犀牛并没有将牛鹭打入泥水当中，而是乖乖地任由牛鹭将隐藏在皮肤褶皱里的寄生虫清理出来。有时，犀牛也会让牛鹭充当“军医”，帮助它清理伤口，避免感染。

另一边，牛鹭也在清理的过程中，填饱了肚子。

平时没事的时候，牛鹭也会站在犀牛的身上，躲避天敌的袭击，保证自身的安全。当牛鹭察觉到强敌来犯的时候，会直接飞上天空，用尖锐的啼叫声提醒犀牛赶紧回到安全地带，避免受到不必要的伤害。

牛鹭和犀牛之间的关系，就是一种互利互惠的关系，双赢的相处模式使得犀牛和牛鹭的关系能够长久地持续下去。

人与人之间的相处更是如此，从心理学上讲，大多数人在为他人进行付出的时候，也希望能够得到相应的回馈，希望对方也有所付出。而互利互惠的内容不仅仅包括物质上的，还包括精神上的，有时候精神和物质相互交织在一起。

虽然每一个人都知道互惠的重要性，但是在相处的过程中，会不自觉地演变成单方面付出，而另一方则享受优待的局面。比如，某人和自己的朋友一起去两人都喜欢的餐厅吃饭，美餐一顿后，双方都很高兴。但是一方突然把账单留给了朋友，自己则扬长而去。朋友为了维护两人之间的关系，把钱付了。长此以往，朋友自然会因为对方既没有偿还金钱，也没有对自己有任何精神上的优待，而想要结束这段关系。

那么，我们如何在相处的过程当中，实现互惠呢？

1. 合作。

有效的合作是一种互利行为，合作双方通常给予对方共同的物质利益、精神利益，有时既有精神利益，又有物质利益。

2. 竞争。

许多人认为竞争的过程，不是你的利益受损，就是我的利益不保。其实不然，在非对抗性的良性竞争当中，双方都为了超越对方而不断提升自己，久而久之，两人都能够在竞争的过程中取得进步。

不过这种竞争，要求双方的实力差距较小，基本属于势均力敌的状态。否则，差距太大的话，获胜对实力更强的那一方来说，并没有什么影响，而失败对实力更弱小的那一方来说，则容易打击自信心。在竞争的过程中，双方也应当保持基本原则，不能进行恶意伤害。

3. 交换。

在货币产生之前，人们就是通过交换满足各自的需求。交换的对象既可以是物质的，如礼物、粮食等，也可以是非物质的，如知识、情感、观点、感受等。

学会“共情”，让人际关系进一步加深

“共情”是由人本主义心理学创始人罗杰斯提出的，他认为“共情”主要包括三个方面。第一，通过对方的语言和表情，感受对方的情绪；第二，将体验和对方的性格、经历联系起来，理解对方的感情；第三，通过技巧，将自己从对方身上感受到的情感，传达给对方，影响对方并获得反馈。简言之，“共情”就是

感受他人情感世界的能力。

在与人交往的过程中，“共情”能力是一种非常宝贵且不可或缺的能力，如果一个人在和别人相处的过程中，仅仅是依照自己的情绪说话、做事，那么这段关系将毁于一旦。

一天，女儿气冲冲地回到家中，将书包“砰”地甩在沙发上，然后垂着头坐在一边沉默不语。

父母感到很疑惑，觉得莫名其妙，不知道她为什么生气，于是问女儿发生了什么事情。

女儿委屈地说，新来的物理老师总是找她的麻烦，说她不认真、不勤奋。但是她认为这是老师对她的污蔑，她没事的时候，经常会找老师问题目，但是老师总是喜欢在讲题目之前说一句，“这都是常识”。这让提问的女儿感到很尴尬，即便老师讲的她没有听懂，也不敢再问了。

父母听到后，只是觉得女儿很幼稚，说：“老师每天教那么多学生，难免心情会不好，没什么好大惊小怪的，我们上学那会儿，老师比这还凶。”

但是女儿听后，觉得很不服气，气冲冲地吼道：“那她也不能老说我问的是常识呀，搞得好像全世界只有我一个人没有常识似的！”

父母听到女儿这样说话，顿时就上火了。父母教训道：“老师说你两句怎么了，没准你问的题目确实很简单呢！不想被老师说，上课就好好听讲，不就什么事情都没有了！”

听到这些话，女儿当时就拿起书包，扭头跑出了家门。

故事中的女儿本来并没有因为在学校受了委屈，冲父母发脾气的意思，只是想引起父母的注意，和他们倾诉一下。但是父母的态度就像一把烈火，把她心中的不满全部点燃了，直接从和老师置气，变成对父母和老师态度的不满和愤怒。其实，当时父母在和女儿进行沟通的时候，如果能够利用共情，理解女儿的感受，这场纷争就可以被避免。

不管是亲子关系、情侣关系、朋友关系、合作关系，还是其他关系，都需要立足在共情的基础上。一方如果永远不能够站在另一方的角度，去理解对方产生某种情感的原因，受到情感影响的对方此刻是什么样的感受，只是一味地根据自己的经验去说服对方，告诉他们应该怎么办。那么对方不但不会接受，还会认为你根本不懂得他们的感受，从而拒绝和你进行沟通。

接下来，我们将运用共情解决上述案例，步骤分解如下。

1. 坦然接受对方的坏情绪。

当他人生气地走进来的时候，不要表现出不耐烦，我们可以在心底告诉自己，对方的心情已经如此糟糕了，我们就不要让他的心情变得更糟了。可以走上前去，表现出对他的关心。

2. 询问原因。

当他人平静下来以后，耐心地询问对方原因。请注意，在这个过程中，重点是倾听对方的遭遇，而不是一直根据对方的遭遇陈述自己的观点，并且表现出“这并不是什么大事，没什么好大惊小怪”的态度。

3. 肯定对方情绪变化的合理性。

当对方陈述完以后，可以结合自己以前的相关遭遇，和对方交谈，表示自己能够理解他此刻的感受，因为自己之前也经历过。

4. 启发对方解决问题。

对方因为倾诉，心情得到缓和以后，可以主动引导对方从另一个角度思考。单纯说安慰的话，并不一定能够让对方想开，基于共情和对方交流，才有可能引导对方走出负面情绪的包围，并且使双方的感情更加融洽。

远离“消耗性关系”，好的关系才能带来滋养

什么样的关系才算好关系？互相敬重？可以随便开玩笑，没有任何拘束？相互之间，可以为对方倾尽所有？好关系其实很难定义，不同性格的人，相处模式也不尽相同，对他们来说很融洽的相处模式换到别人的身上，就很难说了。虽然不知道什么关系才算好，但是我们应该知道什么样的关系不算好，并且应当远离。

小 A 和小 B 在父母的撮合下，认识不到半个月，便走到了一起。

相处期间，小 A 常常打电话约小 B 出来吃饭。可小 A 有个毛病，他在吃东西的时候会发出一点声音，小 B 无法忍受，每次都不想和他一起出来吃饭。对于小 B 的不耐烦，小 A 也看在眼里，所以他每次都只吃一点儿东西，然后和小 B 聊天。

小 A 还常常和小 B 一起去吃芥末刺身，不过小 A 似乎并不喜欢芥末的味道，小 B 也会和小 A 一起去体验对方喜欢的鬼屋和大摆锤。

七夕节的时候，小 A 提议两个人一起去附近爬山，但是小 B 并不是很想去。小 A 见状说道：“这样，如果你和我一起去爬山，我就给你带一个礼物。”

小 B 无奈，只能和小 A 一起去爬山。两人坐在一个凉亭里休息的时候，小 B 再也忍不住了，说：“我觉得我对你没有那种感觉，要不我们以后还是不要联系了吧。”

小 A 很失落，问小 B：“如果我对你更好，你是不是就会喜欢我？”

小 B 没有再说什么，只是把礼物还给了小 A，转身离开了。

上述故事中的小 A 和小 B 是一种典型的消耗性关系，这种关系就是我们应当远离的关系。在这种关系中，两个人一直压抑着自己的本性，努力迎合对方，

以期望得到对方的回馈。小 A 克制不住声音，只能提前停筷或者吃得胆战心惊，为了让对方吃得开心，他还会去吃自己不喜欢的东西，不断地消耗自己的本性。同时，他也在消磨小 B 的本性，当对方不想吃饭，不想爬山的时候，小 A 以某种利益作为代价，要求对方做自己想做的事情，认为只要自己做得好，对方就会爱自己，其实不然。

消耗性关系不仅会出现在情侣中，还会出现在亲人、朋友之间。比如，父母总是对孩子说，如果孩子懂事听话，他们就会给孩子买某件他们想要的东西；朋友 A 以友情为要挟，让朋友 B 去做自己不想做的事情……以对方牺牲为代价的条件性关系，很难让人感到温暖。正如著名的心理学家罗杰斯所说："爱是深深的理解和接纳。"

那么，我们该如何摆脱消耗性关系？

1. 在了解了对方的喜好后，尊重对方的喜好，避免为了满足自己的欲望而去压抑对方的本性。

2. 不要将对方对关系的重视作为谈判条件，要挟他们去做自己不想做的事情。

3. 当为对方进行付出的时候，不要追加任何附加条件，避免将爱的付出变成一种利益交换活动。

4. 学会站在对方的角度思考问题，感人所感，理解他人的选择和观点。

5. 真诚地对待对方，将自己的真实感受告诉对方，不要为了使对方高兴，而隐瞒自己的真实感受。

统合综效：进行创造性合作

有时候，单个人的力量是有限的，可是当他结合自身的优势，和其他人合作后，就会具备比之前更加强大的力量。虽然每个人都知道合作的重要性，但并不是所有的合作都是顺利的。尤其在对方提出的方案和自己的利益相冲突的时候，一些人会陷入两难境地，既想保持合作，又不想牺牲自己的利益。到最后，往往一拍两散。

其实，即便当时对方提出的方案超出了你的接受范围，这也不代表你们之间没有合作的可能性，而能否达成合作，还要看你们是否实现了统合综效。

学校决定举行校庆，每个班级都需要表演一个节目。

A 班的学生会的才艺很少，迟迟想不出应该出什么节目，但是学校不停地催他们上交节目单。有的同学说想表演歌唱，有的说想要表演舞蹈，有的则说想要表演话剧，大家七嘴八舌，总是无法达成一致。最后，老师决定把这件事情交给文艺委员和班长决定。

文艺委员想要组织大家一起表演话剧，班长则认为话剧需要的服装道具太多，担心班上的一些同学可能并不想额外负担这一部分的经费，更想组织大家表演快板相声。文艺委员听到班长的建议后，指出相声对一部分同学来说太难了，而能够参演的同学也很少，觉得这个方案并不可行。两人几番争执，相持不下，索性让班上的同学投票，但是大家也不知道到底应该选谁。老师见状，让文艺委员和班长在私底下协商一下，看看有没有更好的办法。

放学后，班长和文艺委员就之前的提议继续争论，始终得不出一个所以然。最后，班长退了一步，说："我们都先冷静一下。我并不是说你的提议不好，我只是认为经费成本太高了，能不能想办法缩减一些。"

文艺委员见班长这样，也不好意思再争执下去，开始冷静地思考班长的提议。他说："经费成本确实高，但是相声对班上的同学来说，也很难。我们得把难度降一降，好让更多的同学能够参与进来。"

经过一番讨论，最终两人决定组织一个“快板故事”的节目。只需要一个快板，快板一响就开始讲故事，快板再一响，后一个人就接着前面那个人讲的片段继续讲。在讲故事的过程中，同学们要注意声音形貌，以逗趣为目标。

碰到和自己意见不同的人，不要急着否决他人，先听听别人这样说的理由，尊重他人的不同意见，然后在保证双方利益的情况下，调动创意，化合作阻力为动力，这就是统合综效。

在日常生活中，我们常常会因为一些不同的声音而感到愤怒，没有办法冷静下来去思考其中的缘由，如果对方迟迟不肯让步，那么我们多半会主动放弃这段关系。如此一来，我们常常错过一些绝好的合作机会，没有办法突破眼前的困难。

根据上述案例，我们可以将统合综效的步骤分解如下。

1. 尊重差异。

每一个人的知识、境遇、成长环境都不相同，而这些不同影响着一个人看待事物的角度。因此，当一个人提出了和自己相左的意见，不要急着去驳斥对方的观点，可以先冷静下来，思考对方为什么会提出这样的观点。这种差异可能来自文化、性别、立场、目的等，有些是合理的，有些是不合理的，而我们只需要尊重合理的差异即可。

2. 积极思考第三条路。

了解到对方和自己意见不同的原因以后，我们还需要积极地想办法解决问题。只有行动，才能够将阻力化为动力，而一味地理解对方，是无济于事的。在思考新的解决办法的时候，我们不要仅仅从单方面的利益点出发，还要考虑到对方的利益或亟待解决的问题，只有这样，才有合作下去的可能性。

CHAPTER 10 第十章

重塑生活，好习惯可以自然而然发生

做好时间管理，享受高效能人士的生活

洗漱完以后，你是看会儿书就睡了，还是玩会儿手机直到想睡觉；买完东西以后，你会打开记账软件，还是开始进行下一项活动；晚饭之后，你会出去散步，还是坐在沙发上打游戏。

不知道你有没有发现，不管是好习惯，还是坏习惯，都是我们生活中的一部分，占用着我们的时间，或长或短。如果在规划我们每天的24小时生活时，发现没有空余时间留给习惯活动，那么慢慢地，它就会从习惯变成单纯的活动。

因此，那些享受习惯带来的复利的高效人士，不一定有令人折服的超强意志力，或是他们的一天比常人多了几个小时，而是因为他们懂得如何规划和分配自己的时间，实现高效的时间管理。

一天，一个小学老师站在讲台上，用一个空的玻璃缸，给同学们做了一个实验。

小学老师首先拿出了一些大石块，将它们塞入玻璃缸中。他问学生："玻璃缸现在塞满了吗？"

同学们连忙点头，表示塞满了。

老师笑而不语，又从工具箱中拿出了事先准备好的小石块，将它们塞入大

石块与大石块的缝隙之中。老师又问："现在塞满了吗？"

学生们感到很疑惑，但还是点头，表示塞满了。

这时老师又拿出了一小瓶细沙，将细沙倒入玻璃缸中。很快，细沙就把大石块和小石块之间的缝隙给填满了。老师再一次问学生，这个玻璃缸还能再塞东西吗？

学生们看到连石块和石块之间的缝隙都被填满了，觉得不可能再放得下东西了，连忙否定。

谁知，老师微笑着又拿出了一瓶水，倒入缸中。他接着问："同学们，装满了吗？"

同学们想，这下总该装满了吧，异口同声道："满了，满了。"

老师还是微笑着，又拿出了一瓶酒精，倒了进去，很快酒精和水融合在了一起，这下真的满了。

这时，老师又拿出了另一个玻璃缸。他并没有按照之前的流程再走一遍，而是直接注水，很快玻璃缸中就装满了水。

老师又问学生："现在这个玻璃缸还能装大石块、小石块和细沙吗？"

同学们摇着头说："不能。"

其实时间管理就像往玻璃缸中装东西一样，我们需要确定优先做什么，再做什么，才能把时间的价值发挥到最大。那么我们该怎么确定什么事情是"大石块"，什么事情是"水"？怎样避免将"水"误当成"大石块"，先装入缸中呢？这就要运用到"核心价值观"概念。

"核心价值观"实际上就是人们在日常生活当中，基于自身经验进行自我要求，如"好好学习""成为一名出色的飞行员""成为一名好父亲/母亲"，等等。为了实现"核心价值观"，人们不可避免地要在自己的行为举止当中体现自己的价值观，好比“保持身体健康”对我们来说比较重要，那么自然而然地，我们就会做相关的事情，如早睡早起、跑步、少吃油炸食品、吃早饭……

与此同时，价值观内部之间还存在比较。比如，一个人能够为了家庭，牺牲自己的休闲时间，那么在他的价值观里，家人比娱乐更重要。因此，在规划时间的时候，他也更加偏向于把陪伴家人放在打游戏之前。

人们在规划时间的时候，并不是单纯地将能够赚到更多钱的事情放在第一位，优先处理，而是根据价值观进行分配，将那些更加接近优先级价值观的事情，放在第一位。了解到时间管理的本质以后，我们再来一起看看，究竟该如何进行时间管理。

1. 树立积极的“核心价值观”。

在树立价值观的过程中，我们应当尽量避免消极单一的价值观，即只看重工作、娱乐、家庭等单一方面。人生的幸福来源于方方面面，如果只有单一的来源，很容易滋养极端负面的情绪。因此，我们的价值观应当包含方方面面，并有所取舍，不违反道德法律。

2. 根据价值观，设定目标。

价值观可以帮助我们分清楚什么事情重要，什么事情次要。不过这是被动的，只是判断接到的任务，而没有主动填充时间，我们的时间依然会出现大部分的空白。

比如，我们在菜市场的一个摊位前选菜，一个摊位的菜是有限的，挑挑拣拣之后，我们可能只找到了自己喜欢的蔬菜。这时，如果不主动去其他摊位看看，就没有办法买到想要的肉类。

因此，我们还要基于价值观设定目标，主动去做那些对我们来说很重要的事情，分配时间。

重视“晨间三分钟”，让大脑活化

美国著名诗人威尔科克斯说过：“一天之中最美好的时光在黎明。”你如何度过你的早晨，那么，你的一天就将如何度过。如果你醒来的时候，就开始刷手机，逛淘宝，那么你的一天多半也就这样荒废了；如果你一直躺在床上，直到自己想要起床的时候才起来，那么你的一天有一半以上的时间，将是在床上度过的。因此，与其浪费这段时间，不如先花三分钟，活化大脑。

安德烈是一名纽约街头摄影师。

他通常会在早上6点左右起床，翻看近期的报纸，如果报纸上有一些内容深深地打动了他，安德烈就会拿起笔，将这些瞬间记录下来，当作自己的灵感库。如果那天没有新报纸的话，安德烈也会在心里回忆之前经历过的事情，从中寻找启发。

在这个过程中，他整个人都会被激发起来，迅速地进入工作状态。

等到7点钟，拿起相机出去拍照的时候，他整个人都精神抖擞。而出门前收集的灵感，或多或少，也会为他那一天的拍摄活动提供帮助。

许多成功人士早晨起来以后，并不会躺在床上等到自己清醒为止，而是会通过一些微小的，但是能够调动大脑积极性的活动，让大脑迅速进入工作状态。我们可以根据自己的需要和爱好，去决定早上起来以后应该做些什么。时间也不需要太长，三分钟即可。

那么，我们可以做什么呢？

1. 完成三轮深呼吸。

2. 写晨间日记。

3. 做一些短时运动。

4. 看一则新闻。

5. 冥想三分钟。

6. 画一幅简笔画或者写一段简短感悟。

睡前三分钟，利用时间的力量改变

奥地利精神分析学派创始人弗洛伊德认为人的精神分为三个部分，即意识、前意识和潜意识。其中，意识是能够被人察觉和意识到的，而潜意识隐藏在意识之后，很难被人察觉，是一种已经发生却没有被人们意识到的心理活动状态。和意识不同，潜意识并不会直接向我们的身体发送命令，告诉我们应该怎么做，不应该怎么做。而是通过潜移默化，慢慢地影响意识，让意识按照它的想法对身体发出指令。

当白天过渡到黑夜，我们躺在床上准备入睡时，大脑逐渐由有意识状态进入潜意识状态。这时，潜意识一反白天的沉默状态，开始占据主导地位，并处理睡前所获得的信息，对退居幕后的意识进行暗示。即便在睡眠状态下，我们的大脑依然在潜意识的操控下，进行活动。而活动的内容则受到睡前获得的信息的影响，如睡前我们一直处在压抑焦虑的状态下，睡着后，我们很有可能被稀奇古怪的梦惊醒。如果我们心情愉悦或平静地进入梦乡，那么通常能够一夜无梦，安稳到天明。

凯戴威为了拥有一个完美的夜晚，通常会在10点之前关闭所有的社交软件，也不去查看会让他想起家人、朋友和工作的东西。看完节目和自己喜欢的书籍以后，凯戴威就会在困意来袭之前，早早地躺在床上。刚上床时，凯戴威喜欢开着灯坐在床上，然后看着墙壁。回想一天中发生的事情，或是第二天要做的事情。

在回顾的过程中，他通常会避免去深究一件事情，或把过多的精力放在消极性事件上，如自己今天在录制节目的时候为什么没有表现好，今天和谁说话的时候说了一句不应该说的事情，又或者今天自己为什么没有完成某项工作。凯戴威会花更多的时间来总结自我，回忆幸福的事情，思考明天必须完成什么事情和今天遇到的不解的问题。

当凯戴威感到眼皮发沉的时候，他会立刻关灯睡觉。而当天晚上良好的睡眠，会让他在第二天精力充沛。

另外，潜意识除了会受到情绪的影响，还会受到自言自语的内容的影响。当你一直在想一个问题的时候，突如其来的一个美梦也许能启发你；当你不断地告诉自己，“我很棒，我要努力，我的雅思成绩能够达到七分”，你自己都没有发现，你比之前更加专注了一些。

潜意识很强大，却也很好欺骗，它会主动将自己重复听到的内容告诉意识，让意识在白天的时候向身体传达指令，按照它听到的做，或者采取行动去接近它听到的状态。既然如此，我们怎么能够浪费这个机会呢？在睡前三分钟，何不暗示潜意识，利用这段时间实现改变。

1. 学会“搁置”烦恼。

意识和潜意识并不是两个毫无关系的个体，而是息息相关的。因此，当潜意识接收到消极信息的时候，会将这种不安情绪传递给意识，从而影响我们第二天的精神状态。这也就是为什么心事重重的人在睡了一觉以后，精神依旧低迷的原因。

2. 面带微笑。

在之前的章节中，我们了解到，在人们产生某种情绪之后，身体会发生相应的变化。同样地，身体的变化也能够催生出相应的情绪。克制负面情绪的摄入以后，我们还要学会主动增加积极情绪的输入。

3. 学会向潜意识发问。

潜意识喜欢在我们进入梦乡以后，接手我们之前没有解决的问题。因此，当你想了很久还没有想出解决办法的时候，不妨闭上眼睛睡一会儿。

4. 通过想象，让潜意识“签收”自己的梦想。

在彻底睡着之前，我们还可以不断在心中默念自己的梦想，想象自己完成梦想时的样子。比如，一个想要顺利通过研究生入学考试，考取研究生的人，可以在进入梦乡之前，告诉自己一定可以考上研究生；一个想要实现经济自由的人，可以不断地告诉自己，以后一定会变得富有，有足够的钱满足自己和家人的需求。经过不断的暗示，让潜意识相信，这就是自己该有的状态，从而和意识一起，推动我们成为这样的人。

不过，在这里需要记住的是，我们只能通过这三分钟，改变我们自己的态度、行为和情绪，并不能随意操纵他人对我们的看法。

写曼陀罗日记，每一次邂逅都将左右人生

小琴每天下班回家后，会将今天一天遇到的事情，逐一写在日记本上。如：“早上7点的时候，我起床了。”

“8点的时候，我到达了公司，并且工作到了中午12点。”

“今天运气很好，老板请我们吃了一顿中午饭。”

如果那一天碰到了什么让她愤愤不平的事情，她也会在旁边标注出自己的态度，有时候通过文字，有时候则通过表情，并且会越想越生气。虽然小琴坚持每天写一篇，已经快要写完五本日记本了，但是当她拿起自己以前写的日记，随意翻看的时候，还没有看完半本，就觉得索然无味，甚至怀疑自己是不是在浪费时间。

渐渐地，小琴回家以后越来越不想写日记了。

故事中小琴采用的就是传统的日记模式，仅仅是记录事件发生的时间、地点、人物，没有侧重点，没有总结。与其称这样的记录为日记，不如称它为流水账。为了解决这个问题，日本人今泉浩晃演绎出了曼陀罗思考法，并将这一套思考方法运用到日记当中，形成了曼陀罗日记，一个绝佳的思考和计划工具。

曼陀罗思考法又称九宫格思考法，最大的特点就是以一张3×3的表格为核心，进行思维拓展，跳出直线思维的局限性。在日常生活中，人们接收到一个信号后，就会下意识根据经验做出反应，但这种反应是一种一对一的简单回复，如有人说自己的英语听力不好，人们通常会让他多看英语类的节目。曼陀罗思考法就是让人们在接收到一个信息以后，能够给出多种答案，类似于头脑风暴。

因此，受到这种思维方式影响的曼陀罗日记，绝对不是简单地记录今天什么时候，谁遇到了什么事情，而是开发创意，发现那些被人们所忽略的地方。

曼陀罗日记的记录方式主要有两种。

1. 扩展型。

思考的时候，我们只需要将主题写在正中的格子当中，然后在其他八个格子中写上和主题相关的要素，再进行扩散性思考。比如，想要进一步了解自己，就可以在中间的格子中填上主题“自己”，然后在其他八个格子中填入“家庭”“工作”“收入状况”“兴趣”“目标”“人际关系”“习惯”“健康”，每一小格又可以进一步扩展。当然，不同的人关心的事情不一样，可以根据自己的偏好进行选择。当然，扩展型曼陀罗日记除了可以用来反思自己，还可以用来解决具体的问题。

2. 环绕型。

环绕型曼陀罗日记依然是从中心出发，不过这次并不是向四周进行发散，而是由中心进行顺时针游走。这一类型的曼陀罗日记比较适合用来规划时间，如想要制定一天的行程，就可以在中间的格子里写上“7 点至 9 点”的安排，下面一格写上“9 点至 11 点”的安排，左下角写上“11 点至 13 点”的安排，以此类推，当然也可以根据自己的需要更改时间。

这两种曼陀罗日记可以帮助我们解决生活上和学习上的大部分疑问，并且激活我们的发散思维。了解到曼陀罗日记的类型以后，我们应该如何写曼陀罗日记呢？

1. 制作一张九宫格表格。

“曼陀罗日记”以九宫格表格为主，人们可以根据自己的需要对单元格进行命名，如工作、家庭、新习惯、爱好、理财、人际关系、当天的计划、个人总结，等等。

2. 记录。

记录者在中间的格子中标上日期，然后根据自己选择的八项内容进行回忆和畅想，并简短地记录下来，不需要写得太复杂。记录的方式并不限于纸笔，还可以使用 Excel 表格或其他类似 APP。进行记录的时候，也可以添加自己喜欢的表情或符号。

3. 检查、反省。

日记的作用并不仅仅在于记录生活，还在于通过记录生活对自己进行反思，发现自己的优点，认识自己的不足，并在新的一天中对自己进行调整。

养成记录习惯，活用笔记实现真实的自己

在原始社会，人们就已经开始通过绳结记录生活，但是由于绳结过多，他们自己都会忘记自己当时记录的是什么，所以人们又开始通过绘画和甲骨文，在石壁、骨头、陶器、青铜上记录。朝代产生以后，历朝历代会设置史官、起居注等职位，派专人进行记录重大事件。

直到现在，人们依然还在记录，有的人通过专门的APP，如备忘录、记账本；有的人通过社交软件，如微博、微信朋友圈、QQ空间、抖音等；有的人通过最传统的纸笔。记录似乎成了人类的一种本能，延续至今。

唐代大诗人杜甫自幼好学，天赋极高，7岁便能作诗。“忆年十五心尚孩，健如黄犊走复来。庭前八月梨枣熟，一日上树能千回”，言语间充满了孩童的天真与顽皮。

19岁后，杜甫开始四处游历。后来杜甫回乡参加乡贡，又到洛阳参加进士考试，但是不幸落第。他并没有因此而沮丧，依然以青年人的热情去歌颂雄鹰和骏马，高山和险滩，并写下了千古绝句，“会当凌绝顶，一览众山小”。

可上天并没有眷顾杜甫太久，家道中落的杜甫多次参加考试，求访名客，却始终无法实现自己的政治报复，只能困居长安，过着贫困的生活。在这一时期，杜甫也写过许多文章和诗篇，如“举进士不中第，困长安”“居然成濩落，白首甘契阔。盖棺事则已，此志常觊豁。穷年忧黎元，叹息肠内热”。

安史之乱爆发后，杜甫的生活比之前更加艰难，但是他从未忘记他的家国忧思，写下了著名的“三吏三别”。怀才不遇、报国无门的悲凉，更是激发杜甫

创作出《题郑县亭子》《独立》《瘦马行》等名篇。

后来，杜甫在蜀中停留了一段时间，达到了诗歌创作的高峰期，如《茅屋为秋风所破歌》《蜀相》等。

杜甫不管是在少年得志的时候，还是在辗转飘零的时期，都没有停下写诗的笔，这是他记录生活的方式。通过这些诗篇，我们可以发现杜甫一生的心路历程，以及一个最真实的他——心系天下，热爱祖国。

我们可能没有杜甫那么深厚的文化功底，但是我们依然可以通过自己的方式去记录生活。一年、十年，或者五十年以后，再回过头来看自己当初记录的东西，我们可以观察自己发生了什么变化。那么我们应该怎样记录生活呢？

1. 准备一个本子或者专门的 APP。

你可以根据自己的喜好去选择记录的途径，可以是纸制的，也可以是电子的。纸制的记录本对纸张没有什么要求，只要你喜欢就行。电子的也是一样，你可以选择一款自己喜欢的 APP。但是一旦开始记录了以后，就不要频繁更换，如果随意在任何地方记录，会加大后期整理的难度。

2. 记录关键。

对生活的记录不要求人们通过一次记录，就发现成功人生的蛛丝马迹，重在回忆过程，即谁在什么时候，在哪里做了什么事情。

比如“2020 年 7 月 13 日下午 4 点，我带我的小狗去宠物店买了一个蓝色的木制小房子”，叙述的过程中需要提供具体的信息，避免笼统的概括，如“我今天去了宠物店”。

在记录的过程中，可以描述自己当时的心情，也可以不描述。

3. 适当增加记录的趣味性。

在记录的过程中，也可以添加一些相关的照片、音频、视频或相关小物件，丰富自己的记录。这样不仅可以增加记录过程的趣味性，还可以让我们在后期整理的时候回忆起更多的细节。

正确的判断从“数钱”开始

你还记得自己一个月之前的总收入是多少吗？一个月之前又花出去了多少钱吗？如果你记得自己一个月前的收入和支出，那么一年以前的呢？你知道自己哪一部分的支出金额最大吗？

其中，一些对自己的收支情况没有概念的人，往往喜欢通过花呗、借呗、备用金等软件，实现超前消费，购买一些昂贵的奢侈品或者自己当前消费不起的物品。有的人在买的时候，觉得分期还款也没有关系，自己肯定还得上，但是真正到了还钱的时候，内心充满煎熬，一边不敢买其他的日常必需品，一边又想买其他的奢侈品。

因此，当我们在犹豫自己是否应该买某件物品的时候，先“数钱”，然后再做决定。

小 A 经常和室友一起出去逛街，在路上看到服装店时总喜欢走进去试一两件衣服。如果室友说好看，她就会忍不住想买。但是，她一个月的生活费其实并不多，不过往往还是花钱买了。

晚上她一个人躺在床上的时候，又会忍不住去看淘宝，看了一会儿以后，就想买两件东西。起初她也很挣扎，会思考到底要不要买，但是挣扎了一会儿之后，还是忍不住按了支付键。

就这样，小 A 一个月的生活费很快就花光了。有时候，她看着负债累累的花呗，自己也不知道钱到底是怎么花出去的。

小 A 在花钱之前，虽然会犹豫要不要买，但是她很少真正从自己当下的经济状况出发，去思考自己目前是否需要购买这件衣服。所以，当我们犹豫自己目前是否需要购买某件东西的时候，可以先算一下日常的开销和收入，剩下的钱能不能支持自己购买这件东西。如果不够，请直接拒绝，如果够，则可自行决定。

那么我们该如何弄清楚自己的收支情况呢？最好的办法就是记账。

1. 准备一个本子或下载一个专门的 APP。

虽然现在支付宝、微信等可支付软件都有相应的账单功能，但是有时候我们的软件应用却不是固定的。如果我们的账单是四处分散式的，那么我们后期归纳整理时也会很麻烦。另外，现在主要用的是电子支付，但是如果哪天用了现金，就需要再专门拿出本子或 APP 进行记录，更加麻烦。

2. 不要设置太多的分类。

许多人没有办法坚持记账这一习惯，主要是因为他们设置了太多的分类，最复杂的就是每一种花销和支出都要备注来源。但是，最开始记账的时候并不需要如此复杂，我们只需要设置四个类别即可——主动收入、被动收入、固定支出、浮动支出。其中被动收入主要指的是通过资产获取利润，如房租、股票等。

3. 定期回顾总结。

了解自己的收入情况和支出情况。如果支出远远大于收入，那么就需要克制自己的消费欲望，并改变消费习惯。反之，则可以自由决定闲钱的去处。

创造安全的收支平衡表，让金钱不断循环

美国文学家爱默生在《生活的准则》中，描述过这样一个经济学规律：节省和不消费不能让可怜的家庭免于破产，丰厚的收入也不能保证肆意的挥霍。成功的秘诀不在于金钱的多少，而是在于收入和支出的关系。

在消费观念上，不管是大方还是节省，自己要做到心中有数，清楚自己赚钱的能力再决定自己的消费水平，这样才不会让自己陷入困境。

20世纪，大冰靠着父母的积蓄，来到了美国发展。

但是由于没有钱也没有学历，大冰没有办法找到一份像样的工作，只能去餐馆洗盘子，去码头帮忙卸货，卖报纸。虽然他做着最苦最累的活，但是收入很微薄，只能满足他生活的基本需要。

一天，大冰想到用这几年攒下来的钱租一个小推车，购买一些原材料，去人流量大的地方卖经过改良的中国食物。经过他改良的中国传统食品吸引了很多客人，就这样，大冰的收入状况获得了改善。但是大冰依然保持着节俭的生活习惯，并攒下了一部分的积蓄。

一年后，大冰马上换了一个更好的房子，他没有利用这些年攒下来的积蓄，而是将自卖食物以来的收支记录表整理了出来。通过表格，他发现他在维持原有生活支出的情况下，收入远超过支出，但是他每天的收入受到天气的影响，波动比较大。于是，大冰决定在不影响当前生活的情况下，在街边租一个小店面，并增加食品的类别和精致程度。

两年后，大冰的生活水平得到了明显的改善，生意也逐渐做大，有了更多

的积蓄。于是他决定利用这部分钱，为店铺进行转型，将店铺进一步做大。

大冰在没有做食品行业之前，只能勉强维持基本的生活。他的收入没有办法和他的支出相抵销，收支状况处于不安全状态。做了食品行业以后，大冰的收支状况虽然比之前安全，但是仍然处于不稳定状态。没有办法，大冰只能进一步扩大规模，虽然成本会有所提升，但是也能获得更多的收益。

大多数月光族通常有一个毛病，那就是在收到工资以后，想到的往往是如何将工资花掉，享受生活，却没有细细盘算过自己每天的固定支出和浮动支出是多少。等到钱花得差不多的时候，只能压缩生活成本，或者对外求助。因此，他们一直处在支出大于收入，或者刚好收支相抵的情况，没有一分多余的钱，而这样的收支情况其实是不安全的。如果突然出现了意外情况，急需大笔的钱，那么他们只能四处求援。为了防患于未然，我们需要从现在开始创建安全的收支平衡表。

1. 坚持记账。

这里基本和上一节的记账方式相同，主要记录主动收入、被动收入、固定支出和浮动支出情况。

2. 找到一个平衡点。

在创建收支平衡表之前，先要厘清自己每个月的浮动支出和固定支出是多少。当你的收入和支出之和相抵销的时候，你的收支情况基本达到了稳定。

3. 利用多余的闲钱，作为支出，换取额外的收入。

如果我们依靠的是固定的工资，但是在支出并不稳定的时候，往往会陷入一种被动的境地。如果收支相抵以后，还有一部分闲钱，可以尝试利用它帮助自己提升技能，增加获取收益的渠道。或者直接用来投资，尽量避免将钱闲置在储蓄卡中。

坚持运动，打造健康的生活基石

现在，科技进步的速度越来越快，我们运动的频率却越来越低。假期的时候，很多人可以足不出户，在家躺在床上玩好几天手机。工作日的时候，除了走路去地铁站，其他时间都是坐在办公桌前工作。下班回家后，基本上倒头就睡，或者刷视频直到感觉困了。这种不良的生活方式，导致很多人提前患上了肥胖症、消化不良等病症。如果你寄望于通过药物改善症状，却不改变自己的生活习惯，也不出门运动，那么是很难达到让你满意的效果的。而且，一些病症并不需要通过药物治疗，相反，它需要你通过多运动去缓解。

某大型公司的董事长在59岁的时候，接受了一次全身检查。检查结果表明，除了一些小问题，董事长的身体状况非常好，患上心脏病的概率也很小。他总是精神抖擞，精力旺盛，繁忙紧张的工作完全没有影响到他的身体。

对于董事长的健康秘诀，人们都十分好奇。

原来，董事长是一个运动达人，他一周平均会安排六次锻炼。早年的时候，他每天都会出去慢跑，只是后来因为膝盖受伤，不得不放弃自己最喜欢的慢跑锻炼，转而去游泳。除此之外，董事长有时间的时候还会积极地做体能训练和伸展活动，保证身体健康。

大型公司的董事长每天需要处理的事情非常多，但他还是愿意抽出时间，锻炼身体，而他的这份坚持也帮助他赢得了健康。

在生活中，适量的运动不仅可以提高我们身体的免疫力，降低一些疾病的发病率，还可以促进新陈代谢和身体循环，缓解因循环不畅而引发的疼痛和酸痛。在精神方面，经常运动的人的精神状态更为饱满，对待生活的态度也更加积极向上。由于大脑时常处于亢奋状态，他们也更容易在工作的时候调动情绪，集中注意力。

虽然坚持运动对生活有诸多好处，但是我们还需要注意以下几点。

1. 根据自身的身体条件和喜好，选择合适的运动方式。

坚持运动并不意味着什么运动项目都需要做，运动者可以根据自己的需求和喜好，选择合适的运动项目。比如，某个人想要锻炼自己的肺活量，那么他可以选择有氧类运动，如慢跑、游泳、散步等；想要提高身体的柔韧度，则可以选择拉伸运动；想要节约时间，则可以每天在家做深蹲、仰卧起坐或跳操。

2. 把握运动时间和频率。

在运动的过程中，我们还需要控制运动时间和频率。对于体质较弱的人，可以避免激烈运动和长时间运动。对于热爱健身的人来说，他们的运动耐量要更高，但是也需要根据自己的体能，将运动量控制在一个合适的范围，即做完以后人会变得精神，但是又不会感到疲惫。

3. 做好保护措施。

在运动的过程中，我们需要做好相应的保护措施。比如，游泳前一定要做好热身运动，不要直接跳入深水当中。

均衡膳食，为自己打造活力源泉

一个人精力的多少，三分靠天赋，七分靠滋养。其中，后天滋养的渠道主要是运动和膳食。

古时，孟母和孩子坐在一起吃饭的时候，其中一个孩子只喜欢吃肉，常常把蔬菜挑出来，放在一边。孟母看到了，上前制止，她说道：“你现在还在长身体的时候，挑食会长不高的。”

孩子听后，连忙说自己以后不会再挑食了，并将挑出的青菜放回碗中。

这则故事出自《弟子规》中的“对饮食，勿拣择，食适可，勿过则”。食物不仅可以为我们提供成长所需的养分，均衡的饮食还可以保证我们一天的活力。

人体一天必须补充几十种营养物质，包括氨基酸、维生素 A、维生素 D、维生素 E、钾、钠、钙等。而单独一种食物所包含的营养是有限的，因此，我们需要均衡膳食。所谓均衡膳食，就是指我们每天从食物中获取的营养物质种类齐全、数量充足、比例适当，且与机体需求保持平衡。

为帮助人们合理安排三餐，中国营养学会和中国预防医学科学院营养与食品卫生研究所经过研究和探讨，制定了《中国居民膳食指南》。接下来，我们将从《中国居民膳食指南》出发，学习一些饮食小建议。

1. 增加菜色，避免单一化。

每种菜品所包含的营养物质是有限的，如果菜色单一，势必不能满足机体一天的营养需求。食物多样化，粗细搭配合理，更有利于身体消化，达到营养均衡，维持身体健康的目的。

2. 在准备食物的过程中，谨记适量原则。

虽然我们每天需要摄入各种各样的营养物质，但是一味摄入大量的营养物质也不利于身体健康，容易导致因营养过剩而引发的肥胖。在比例分配上，蔬菜、水果和薯类的比重可以更高一点。其中蔬菜和水果的能量低，是维生素、矿物质、膳食纤维和植物化学物质的主要来源。而薯类则含有丰富的淀粉、膳食纤维以及多种维生素和矿物质。多吃这三类食品，能够帮助我们维持肠道功能的正常运作，提高我们的身体免疫力。

平时，我们可以摄入鱼、蛋、肉类，但是要适量，不可贪多。这类食物能够有效地帮助我们补充蛋白质、脂类、矿物质等，维持身体平衡，如果摄入过多，则会导致高胆固醇、高血压，引发心血管疾病。

3. 饮食尽量清淡，少吃重油重盐的食物。

重油重盐的菜，其中通常含有大量的脂肪和盐分，适量的脂肪和盐分可以维持身体健康，但是过量的脂肪和盐分，则会导致高血压，打乱身体内部平衡。

4. 摄入足够的水分。

我们每天除了要摄入营养物质以外，还需要保证身体没有处在缺水状态。在日常生活当中，身体获取水的渠道主要有饮水、食物当中的水分和体内新陈代谢产生的水。

人每天大约要喝八杯水，但不是一次性喝完八杯，也不是等到口渴的时候再喝。即便没有感到口渴的时候，也应当主动饮用白开水，少量多次进行。

把握“静”时间，提升休息和睡眠的效率

你每天投入在休息和睡觉上的时间大概有多久？你每次休息完以后，精神状态是怎样的？平均而言，我们每天有将近三分之一的时间都用在睡眠上，而在你无意识的情况下，时间就这样偷偷溜走。不过，你的大脑并不想浪费时间，在这段时间内，大脑仍然可以进行运转并自动学习，将你在白天的所思、所感和行动进行自动分析、归类并储存，从而形成你的认知结构。

很多年前，化学家们只知道有63种化学元素，而且这些元素之间毫无规律。